JN273430

海の放射能汚染

湯浅一郎

緑風出版

はじめに

　東京電力福島第1原子力発電所（以下、福島原発）の事故に伴い、環境のいたるところに浸透する放射能の脅威が続いている。事故当時、炉内にあった放射性核分裂生成物（大気中に出ればいわゆる「死の灰」となるもの）の存在量は不明のままである。このほか、使用済み燃料プールに保管されていた約4500本の燃料集合体も多量の「死の灰」を含んでいた。これらの一部が環境中に放出されたわけである。大気、土壌、地下水、河川、海水、そして野菜や牛肉、淡水魚や海洋生物など、あらゆるものから放射性セシウムやヨウ素などの核種が検出された。
　たった1カ所の工場の事故が、中長期にわたりグローバルな環境汚染と社会的混迷をもたらしている。その意味で、この出来事は、原発事故としてだけでなく、兵器への利用を頂点とした核エネルギーに依存する社会の脆弱性を見せつけている。開けてしまったパンドラの箱を前に立ち止まり、「核エネルギー」全体について熟慮すべきときである。福島原発事故の徹底解明は、まだまだ時間を要するであろうが、約70年にわたる核エネルギー開発の歴史的文脈の中で位置付け、課題とすることが求められる。その意味で、原発事故でなく福島事態と呼びたい。

　福島原発では、一次冷却系と炉心の損傷に伴い、溶けた燃料に直接ふれた汚染水がタービン建屋などに溜まり、その一部が海洋に流出した。海に面した立地条件から、大気に放出されたものの半分は海洋に降下したと見られる。海水、海底堆積物および海洋生物、とりわけコウナゴ（イカナゴの稚魚）や底層性魚に高濃度の放射能が検出され、世界三大漁場の一つが深刻な海洋汚染に見まわれている。
　事故は、日本列島はおろか、地球規模で深刻な事態を生み出している。人類の近未来にとって、事態を正確に認識しておく作業は、極めて重要で

ある。そうした観点から、事故に伴う前代未聞の海洋汚染が海にとっていかなる意味を持つのかを検証することが、本書の第1の目的である。

　核分裂生成物にふれた高濃度水が、液体として直接的に海洋に放出されたのは原発事故として初めてのことである。チェルノブイリ原発事故は、内陸にあるという立地条件から、基本的には大気への放出である。陸地に降下した物質が、河川や地下水経由で、一定の時間差を経て、バルト海や黒海・地中海に流入した。これに対し福島原発は、復水器冷却水（いわゆる温排水）を海から取るために、太平洋に面して立地し、事故の性格から海洋への放射能放出が大きな問題になった。放射能が流入している海域は、豊かさにおいて世界的に名高い海である。福島原発から海に入った放射能量、海水・海底堆積物・海洋生物の放射能濃度の分布や時間的変化、生物による濃縮度……、これらを水産庁など公表されているデータから分析する。魚をはじめ、全ての生物は、生まれ、成長し、子を産み、老いて、死んでいくという生活史を持っている。その生活史と、放射能の流入がどのように交差しているのかを海水の流れや水塊の構造から推測する。

　第2に、核エネルギー開発70年の歴史的文脈において福島事態に伴う海洋汚染を相対化し、人類による海洋の放射能汚染を総括的にとらえてみたい。実は人類による海洋汚染にはいくつもの形がある。第1は大気圏核爆発である。その典型が第5福竜丸事件であり、それをきっかけに世界的な原水爆禁止運動が盛り上がっていくことになるビキニ環礁核実験である。また平常時における再処理工場を始めとした核燃料サイクルに伴う汚染も大きな問題である。その典型としてのイギリス、フランスの再処理工場によるアイリッシュ海、北海、そして北極海にいたる北東大西洋の放射能汚染は、日本の責任も絡んで根源的な課題である。

　さらに敦賀原発、福島原発では、1970年代から平常時における放射能の海洋汚染が問題となっていた。日本列島の場合、地震がないところはない。それと同じくらいに、沿岸の海で優れた漁場でない場所はない。三陸沖、瀬戸内海、若狭湾など、個別の原発と直近の海との関係も福島事態を受けて新たな視点から見直すべきであろう。

　そこで本書では、改めて広島・長崎を含む大気圏核爆発、チェルノブイ

リ・福島原発事故、そして平常時における再処理工場・原発から出る放射性物質の地球規模汚染など、あらゆる形の海洋汚染についてマクロにふりかえる。即ち人類の核エネルギー開発に伴う、環境とりわけ海洋への放射能放出とその影響を全般的に捉えることを試みる。まず福島原発事故により世界屈指の漁場で起きている海洋汚染の推移を見守りたい。その上で、ビキニ被災を中心とした大気圏核爆発、イギリス・フランスの再処理工場からの放射能放出に伴う北東大西洋の海洋汚染をふりかえり、今日の福島やチェルノブイリ原発事故による環境汚染と比較検討してみたい。

　福島事態で環境に放出された放射能の多くが、最終的に行き着く先は、地球表面の70％を占める海洋である。生命の母としての海洋は、人類による謂われなき冒瀆を受けている。
　原発事故による直接的な海洋汚染という未曾有の福島事態を、できる限り系統的にとらえるとともに、これを契機として、軍事、商業利用の如何に関わらず、人類の核エネルギー開発によるグローバルな海洋の放射能汚染をふりかえることで、生命の原理に背く人類のあり様をトータルに描く作業の一助となれば幸いである。

目次　海の放射能汚染

はじめに・3

第1章　放射能の放出源と環境中での挙動　　13
1　汚染源と海洋への放射能放出量　　14
1　海洋への主な放射能放出源・14
1-1　大気圏核爆発・14／1-2　原発事故・14／1-3　平常時における再処理工場・原発などの核施設・16
2　本書で取り上げる課題・16
2-1　島嶼部での大気圏核爆発・16／2-2　福島原発事故・18／2-3　平常時における再処理工場・原発など・19
3　その他の放出源・21
3-1　原子力推進艦・21／3-2　海洋投棄・22／3-3　ムルロア環礁などでの地下核実験・23
2　海洋への流入経路と挙動　　24

第2章　福島原発事故による海洋の放射能汚染　　29
——世界三大漁場を汚染する福島事態——
1　海洋への放射能流出の背景　　32
2　海洋への放射能放出量　　34
3　海洋における放射能の分布と挙動　　37
1　海水・37
2　海底堆積物・42
3　水産・海洋生物・45
3-1　表層性魚種（コウナゴ、シラス、カタクチイワシ）・48／3-2　中層性魚種（スズキ）・52／3-3　底層性魚種（アイナメ、エゾイソアイナメ、コモンカスベ、ヒラメ、マコガレイ，マダラ、シロメ

バル)・54／3-4　回遊魚（マサバ、スケトウダラ、サンマ、カツ
　　　オ、マグロ、シロザケ)・61／3-5　無脊椎動物（ホッキガイ、キ
　　　タムラサキウニ、ホヤ、マガキ、タコ類)・66／3-6　淡水魚・72
　　　／3-7　海藻類・78
　　4　生物濃縮・80
　4　流入海域の特徴と生物の生活史　　　　　　　　　　　　　81
　　1　惑星海流が作る世界三大漁場・81
　　2　放射能の流入と生物の生活史・85
　5　海洋生態系への長期的影響　　　　　　　　　　　　　　　88

第3章　大気圏核爆発による海洋の放射能汚染　93
　　　――惑星海流が運んだビキニ水爆マグロ――

　1　大気圏核爆発による放射能放出　　　　　　　　　　　　　94
　　1　核実験の歴史・94
　　2　放射能の放出量・96
　2　ビキニ環礁核実験による海洋の放射能汚染　　　　　　　100
　3　「俊鶻丸」海洋汚染調査　　　　　　　　　　　　　　　102
　　1　海水から放射能が・105
　　2　プランクトンや魚類による生物濃縮・109
　4　マグロなど漁獲物の汚染　　　　　　　　　　　　　　　111
　5　米原子力委員会の追跡調査　　　　　　　　　　　　　　118

第4章　平常時の再処理工場・原発による海洋の放射能汚染　121
　　　――北東大西洋をけがす日本発の「死の灰」――

　1　欧州における再処理工場・原発からの液体放射能放出　123
　2　欧州における海洋の放射能汚染　　　　　　　　　　　128
　　1　セシウム137・132

1-1　海水・133／1-2　生物相・138／1-3　堆積物・140
　2　テクネチウム99・140
　　2-1　海水・141／2-2　生物相・143
　3　ストロンチウム90・143
　4　プルトニウム同位体・144
　　4-1　海水・146／4-2　生物相・146／4-3　堆積物・146
　5　その他の放射性核種・147
　　5-1　アメリシウム241・147／5-2　コバルト60・147／5-3　トリチウム3、ルテニウム106およびヨウ素129・147

3　北東大西洋の汚染原因の一つは日本　　　　　　　　　　148

第5章　日本の核施設による海洋汚染　　　　　　　　153

1　平常時における海洋の放射能汚染　　　　　　　　　　154
　1　六ヶ所再処理工場と三陸の海・154
　2　原発による海洋汚染（敦賀原発、福島第1原発）・158
2　原発で事故が起きたら　　　　　　　　　　　　　　　161
　1　女川原発と三陸の海・161
　2　伊方原発と瀬戸内海・163
3　原子力空母と東京湾　　　　　　　　　　　　　　　　166

第6章　海洋の放射能汚染の根深い歴史　　　　　　169
　　　　――核文明そのものを問う契機に――

1　放出源　　　　　　　　　　　　　　　　　　　　　　170
　1　大気圏核爆発・170
　2　原発事故・170
　3　平常時における再処理工場・原発などの核施設・171
　4　その他・171

2 福島原発事故による海洋の放射能汚染　　　　　171
3 大気圏核爆発による海洋の放射能汚染　　　　　173
4 平常時の再処理工場・原発による海洋の放射能汚染 174
5 平常時の日本の原発による海洋の放射能汚染　　175
6 放出源ごとの海洋汚染の比較　　　　　　　　　176
　1　海水・176
　2　堆積物・179
　3　海洋生物・179
7 海洋を台なしにする核エネルギー利用　　　　　181

あとがき・185

第1章　放射能の放出源と環境中での挙動

1 汚染源と海洋への放射能放出量

人類による放射能の放出源と陸地や海洋への流入経路、そして海洋環境中での挙動を図1に示した。本書では、主な放出源として、大気圏核爆発、原発事故、そして平常時における核関連施設（再処理工場、原発など）の3つをとりあげる。ほかにも、原子力推進艦（主に原子力潜水艦や原子力空母など）の事故[※1]、液体・固体の放射性廃棄物の海洋投棄[※2]、ムルロア環礁など島嶼部における地下核実験にともなう海底からの漏えい[※3]、人工衛星の落下事故などもあるが、本書では部分的に触れるにとどめる。

1 海洋への主な放射能放出源

人類による海洋への主な放射能放出源は以下の3つである[※4]。

1-1 大気圏核爆発

大気圏での核爆発は、現在の国連安全保障理事会常任理事国である5カ国により、1945年から1980年までの25年間に543回にわたり行われた。この中には、1945年、太平洋戦争末期に広島・長崎で市民を無差別に殺戮した核爆発も含まれる。環境への影響という面から言えば、人類史上、最大の放出源である。1981年以後は、地下核実験が行われてきたが、大気・海洋への放射能放出という面では、大気圏核爆発と比べ、影響は小さくなった。

1-2 原発事故

チェルノブイリ、福島第1の原発事故が群を抜いている。1979年のスリーマイル島原発事故（米国）もあるが、前2者と比べると、比較になら

※1 欧州委員会第 XI 総局（環境、原子力安全性および市民保護）（1999年12月）；「北ヨーロッパ海域における放射能からの欧州共同体の放射線被曝に関する MARINA プロジェクト最新版のためのパイロット・スタディ」最終報告。
※2 IAEA（国際原子力機関）(1999)；「海洋における放射性廃棄物投棄に関する目録」IAEA-TECDOC-1105。
※3 ピースデポ（1995年7月）「核兵器・核実験モニター」第1号。
※4 IAEA (2005)：「世界の海洋放射能研究（WOMARS）」, IAEA-TECDOC-1429。

図1 人類による放射能放出源と海洋への移動経路

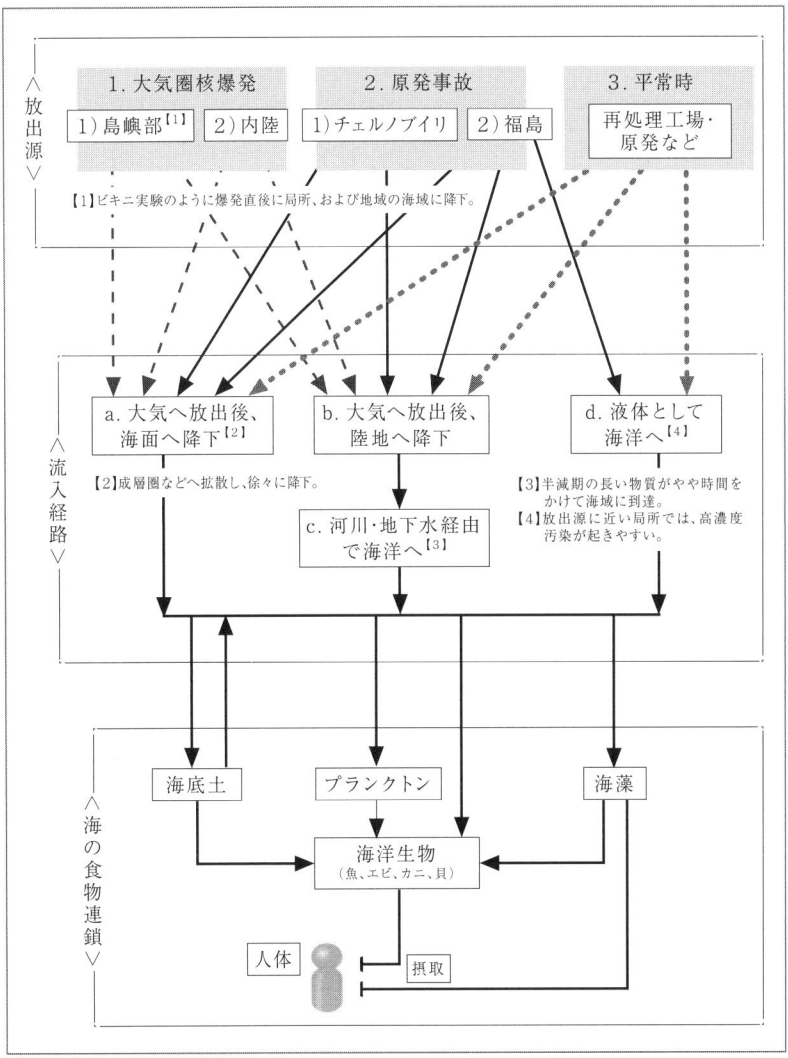

〈放出源〉

1. 大気圏核爆発
   1) 島嶼部[1]
   2) 内陸

2. 原発事故
   1) チェルノブイリ
   2) 福島

3. 平常時
   再処理工場・原発など

[1] ビキニ実験のように爆発直後に局所、および地域の海域に降下。

〈流入経路〉

a. 大気へ放出後、海面へ降下[2]

b. 大気へ放出後、陸地へ降下

c. 河川・地下水経由で海洋へ[3]

d. 液体として海洋へ[4]

[2] 成層圏などへ拡散し、徐々に降下。

[3] 半減期の長い物質がやや時間をかけて海域に到達。

[4] 放出源に近い局所では、高濃度汚染が起きやすい。

〈海の食物連鎖〉

海底土　プランクトン　海藻

海洋生物（魚、エビ、カニ、貝）

人体　摂取

©緑風出版

ない程の量と推測される。原発事故としての放出量では、チェルノブイリ原発事故が最大であるが、チェルノブイリ原発の立地条件から、大陸に相当量が落ちていて、海洋に降下したものの比率は少ない。それでもバルト海や黒海、地中海への流入は、大気から降下したものと河川経由の間接的なものである。海に面して立地された福島原発の方が海洋への直接的な影響ははるかに大きいと推測される。

1-3　平常時における再処理工場・原発などの核施設

核燃料サイクルに沿って各プロセスごとに放射能放出が伴うはずであるが、海洋への放出という点では、海岸に立地する再処理工場や原発が主要な放出源となる。米国や欧州などで、大河川に面して立地している場合は、河川経由で海洋へ流入していると考えられる。

2　本書で取り上げる課題

上記のそれぞれの中で、本書で取り上げたい課題につき、やや詳しく見ておこう。

2-1　島嶼部での大気圏核爆発

大気圏核爆発のなかでも、太平洋など島嶼部における核爆発は、空中発射でない限り、核爆発の直後に、多くの放射能が近隣海域に降下している。「原子放射線の影響に関する国連科学委員会」(以下、UNSCEAR)の「2000年報告書　放射線の線源と影響　第Ⅰ巻」[※5]、付録Cの表1にもとづき、実験が大洋の島嶼部において行なわれたもので、かつ表面、台船(バージ)、タワー、及び海中で行なわれた核実験、計75回を対象に、同報告書、表2、表9をもとに、「局所、および地域」の放出量を海洋への直接的な降下量とみなして推算し、核種ごとの放出量に関する表1を作成した。実験が行なわれた場所は、ビキニ、エニウエトク環礁(米国)、ムルロア、ファンガタウファ環礁(仏)、モンテベロ島(英国)、ノバヤゼムリア(旧

※5　原子放射線の影響に関する国連科学委員会 (UNSCEAR) 編 (2000)；「2000年報告書　放射線の線源と影響　第Ⅰ巻」。www.unscear.org/unscear/en/publications/2000_1.html

表1 島嶼部大気圏核爆発、再処理工場により海洋に放出された主要な放射性物質の総量

核種	半減期	大気圏核爆発局所降下量 (PBq): 総計 [a]	英仏再処理工場 (PBq): 年間 [b]	福島原発からの大気放出量 (PBq) [c]
トリチウム 3	12.3 年	17,800	8.97	
炭素 14	5,730 年	21	1.30E−02	
マンガン 54	312.3 日	383	2.30E−03	
鉄 55	2.73 年	147		
コバルト 60			1.70E−04	
ストロンチウム 89	50.5 日	20,600		2
ストロンチウム 90	29.12 年	109	1.90E−03	0.14
イットリウム 91	58.51 日	21,100		
ジルコニウム 95	64.0 日	26,000		
ニオブ 95	35 日			
モリブデン 99	2.75 日			
ルテニウム 103	39.3 日	43,400		
ルテニウム 106	368 日	2,140	4.80E−03	
アンチモン 125	2.77 年	130		
テルル 129m	33.6 日			
テルル 132	3.26 日			
ヨウ素 131	8.04 日	119,000	1.20E−03	160
ヨウ素 133	20.8 時間			0.7
セシウム 134	2.06 年		1.90E−04	18
セシウム 137	30.0 年	166	6.00E−03	15
バリウム 140	12.7 日	133,000		3.2
セリウム 141	32.5 日	46,000		
セリウム 144	284 日	5,390	3.50E−04	
総計		435,000	9	199

空欄は出典文献に掲載がないことを意味する。
PBq = ペタベクレル = 1000 テラベクレル = 1000 兆ベクレル。ベクレルは、放射能の強さを表す単位で、単位時間あたりに崩壊する原子核数。
[a] 原子放射線の影響に関する国連科学委員会、2000 年報告書 I [※5]、付録 C、表 1、表 9 より推算（推算方法は本文参照）。
[b] OSPAR 委員会編、「2008 年核施設からの液体放射能放出」(2010) 表 5 より引用。
 △E−○ = △ × 10^(−○)
[c] 原子力災害対策本部「原子力安全に関する IAEA 閣僚会議に対する日本国政府の報告書」[※6]（2011 年 6 月）添付Ⅳ−2 より引用。この約半分が海洋に降下したと推測される。

ソ連）である。該当する実験の総爆発力は、TNT火薬換算で28.23メガトン（以下、Mt）（メガ＝10の6乗＝100万）である。核融合の爆発力は合計48.3Mtの半分が、付近海域に降下したと仮定している。核種ごとの放出量は、1Mt当たりの原単位に爆発力をかけて求めた。この内、ビキニ20.3Mt、エニウエトク7.63Mtで、米国の両者を合わせると全体の99％となる。ビキニ環礁での核実験が、いかに大規模であったかが伺える。表1で、ベクレル（Bq）とは、放射能の強さを表す単位で、1秒間に1個の放射能崩壊をするものを1ベクレルと言う。ペタ（P）は10の15乗、つまり1000兆である。またテラ（T）は1兆を意味する。なお、表には、後述する福島原発事故、欧州再処理施設からの放出量も併記した。

2-2　福島原発事故

　福島原発事故の大気、海洋への放出量の全体像は、未だに不明確である。海洋への液体放射能の放出について、IAEA（国際原子力機関）理事会へ提出した日本政府報告書[※6]は、東電が発表した3ケースにつき記述している。第1は、2011年4月1日から6日、2号機取水口付近から直接、海に流出した520立方メートルの超高濃度汚染水の放射能量を、ヨウ素131、セシウム134、および137に関し計4700兆ベクレルとしている。第2に集中廃棄物処理施設からの約1万400立方メートルに及ぶ低レベル汚染水の意図的な放出、第3が3号機からの高濃度汚染水の2日間にわたる放出である。後2者は共に第1のものの誤差範囲の内にある。

　それはともかく、東電の発表しているものには、肝心な部分が欠落している。東電の3月21日からの福島第1原発放水口付近海水の調査（図4）によると、3月末までに発電所近傍海水濃度は急増し、3月30日～4月7日ころに最大となる。この濃度上昇をもたらした放出に関する説明が一切ないのである。これに関し10月26日、フランス放射線防護原子力安全研究所[※7]は、東電や文部科学省などの海水濃度分布から、海水中の現存量を

※6　原子力災害対策本部（2011年6月）；「原子力安全に関するIAEA閣僚会議に対する日本国政府の報告書」。www.kantei.go.jp/jp/topics/2011/pdf/houkokusyo_full.pdf

※7　フランス放射線防護原子力安全研究所（IRSN）（2011年10月）；福島第1原発における原子力事故」。http://www.irsn.fr/FR/Actualites_presse/Actualites/

計算して放出量を2.7京ベクレルと推算している。これは東電発表の6倍である。他にも日本原子力研究開発機構の1.5京ベクレルとの試算値もある[※8]。これらは、いずれも3月中の放出量を含めた試算であり、事実に近いと思われる。しかし真相は闇の中である。

これらとは別に日本原子力研究開発機構[※9]によると、大気放出の半分は海面に降下したと見られる。そこで、表1の右欄にIAEAへの日本政府報告書にある大気への放出量を参考として加えた。この半分、約10京ベクレルが大気から海洋に面的に降下したことになる。

2-3　平常時における再処理工場・原発など

平常時における核施設からの放射能放出では、再処理工場からのものが最大である。ここでは、海洋への液体での直接放出、かつ処理量が大きい典型として、欧州15カ国が参加するオスロ・パリ条約締約国会議(以下、OSPAR)が公表した資料をもとにセラフィールド(旧名ウィンズケール、英国)、ラ・アーグ(仏)再処理工場、及び各国の原発からの年間放出量[※10]の合計の経年的変化を表2に示した。トリチウムが年に計7000兆〜2京ベクレルで最も多く、他の核種は2〜3桁以上、小さい。

IAEA[※11]によると、人類による最大の放射能源は、核爆発による降下物であるが、セシウム137については、太平洋311ペタベクレル、大西洋201ペタベクレル、インド洋84ペタベクレル、そして北極海7.4ペタベクレル、総計603ペタベクレルが海洋に降下したとしている。更にイギリス、フランスの再処理工場から40ペタベクレル、チェルノブイリ原発事故では16ペタベクレル(主にバルト海や黒海へ降下)と見積もっている。チェ

Pages/20111027_Accident-fukushima_impact-rejets-radioactifs-milieu-marin.aspx
※8　日本原子力研究開発機構(2011年9月):「福島沖海域における放射能濃度分布のシミュレーションに使用した暫定的な放出量推定について」。
　　http://www.jaea.go.jp/fukushima/pdf/gijutukaisetu/kaisetu07.pdf#search
※9　日本原子力研究開発機構(2011年6月24日):「太平洋における放射能濃度分布のシミュレーションについて」。www.jaea.go.jp/jishin/kaisetsu04/kaisetsu04.pdf
※10　オスロ・パリ条約締約国会議(OSPAR)委員会編(2011);「2009年核施設からの液体放射能放出」。www.ospar.org/content/content.asp?menu
※11　注4と同じ。

表2 欧州における海洋への液体放射能放出量の経年変化 (OSPAR 委員会)

年	1990	1991	1992	1993	1994	1995	1996	1997	1998	1999	2000	2001	2002	2003	2004	2005	2006	2007	2008	2009
トリチウム (単位：兆ベクレル)																				
総計	7224	8798	7658	10902	12931	15040	16779	17956	16244	18771	16548	15759	18880	19637	20637	18517	15607	15594	11178	13593
再処理工場	4959	6513	4969	7460	9770	12310	13500	14500	12800	15420	13300	12210	1522	15800	17070	15070	12190	12628	8968	10640
原発	2164	2252	2666	3354	3044	2713	3264	3440	3430	3335	3241	3543	3648	3819	3560	3429	3394	2936	2193	2948
核燃料施設	—	—	—	—	—	—	—	—	—	—	—	—	—	—	—	—	—	—	—	—
全α放射体 (単位：兆ベクレル)																				
総計	2.43	2.43	1.84	2.88	1.36	0.68	0.57	0.38	0.43	0.41	0.33	0.41	0.61	0.62	0.54	0.52	0.34	0.19	0.17	0.19
再処理工場	2.20	2.25	1.71	2.70	1.10	0.47	0.32	0.23	0.22	0.17	0.16	0.25	0.39	0.43	0.31	0.27	0.23	0.15	0.14	0.17
原発	—	—	—	—	—	—	—	—	—	—	—	—	—	—	—	—	—	—	—	—
核燃料施設	0.21	0.15	0.10	0.08	0.16	0.12	0.12	0.12	0.20	0.24	0.17	0.16	0.22	0.18	0.23	0.25	0.11	0.04	0.02	0.02
全β放射体 (単位：兆ベクレル)																				
総計	491	227	269	252	321	365	332	315	265	256	172	231	235	198	204	105	58	33	27	30
再処理工場	384	178	134	170	195	243	169	167	112	126	98	141	125	97	86	54	37	30	21	21
原発	10.3	3.8	8.9	11.1	2.8	3.4	5.2	7.4	2.0	2.0	3.0	4.2	3.6	3.2	1.3	2.0	0.8	0.5	1.5	2.1
核燃料施設	92	39	120	63	114	112	150	140	150	128	71	85	106	97	116	103	21	3	5	3

注) 研究開発施設と廃炉からの放出を除外しているので、各項の合計と総計は一致しない。

ルノブイリ原発事故が少ないようにも思うが、ここでは、一つの評価として紹介するにとどめる。

3 その他の放出源

この他にも以下のようなものがある。環境中への放出量としては、上記3者と比べ小さいので、ここで簡単に触れるにとどめる。

3-1 原子力推進艦

EU 委員会の MARINA プロジェクト報告書（1999）[※12]によると、一つの例として、旧ソ連のコムソモレツ原子力潜水艦の沈没事故がある。同艦は 1989 年 4 月 7 日、火災事故を起こし、乗組員 42 人とともに北極に近いベア島の南西 180km のノルウェー海に沈没した。同艦は、今、水深 1650m の海底に 19 万 kw 原子炉 1 基と核弾頭 2 発を有したまま横たわっている。原子炉内の放射性核種は、ストロンチウム 90、1500 兆ベクレル、セシウム 137、2000 兆ベクレル、アクチニド系列 5 兆ベクレル、および 2 発の核弾頭（そのうちの 1 つは粉砕された）中の約 16 兆ベクレルのプルトニウム 239 があると見られる。ロシアは、数度にわたる探索を行なってきたが、現場での測定も含め、汚染は沈没現場付近に限定したものとされる。1999 年 7 月調査では、堆積物濃度も、ベア島付近の値よりも低いことを確認したという。潜在的な汚染源ではあるが、その場に放置することが最善の策とされている。

梅林[※13]は、米国の原潜スレッシャー号の大西洋北西部での沈没（1963 年 4 月 10 日）、原潜スコーピオン号の大西洋のアゾレス諸島付近での沈没事故（1968 年 5 月）について報告している。更に旧ソ連の原潜でも、ノーベンバー級原潜がスペイン沖北西 540km で沈没（1970 年 4 月）、ゴルフ級戦略原潜がハワイのオアフ島北西で爆発し、沈没（1968 年）、ヤンキー級戦略原潜が大西洋のバミューダ諸島北東 800km に沈没（1986 年 10 月 6 日）、原潜クルスクがバレンツ海、コラ半島沖で沈没（2000 年 8 月 12 日）などの事例がある。どの場合も、原子炉と装備していた核弾頭は海底に沈んだま

※12　注 1 と同じ。
※13　梅林宏道（1989）：『隠された核事故』、創史社。

まである。具体的な調査はほとんどないため、放射能汚染の実相は明らかではない。高圧下に長年にわたって放置される中で、周辺の生態系への影響が懸念される。

3-2 海洋投棄

海洋投棄について、各国の情報を集約して総括的に扱っている IAEA 報告書（1999）※14 によると、最初の海洋投棄は 1946 年で、1993 年まで続けられた。その 48 年間の歴史において、14 カ国が 80 を超えるサイトを使用し、およそ 8.5 京ベクレルの放射性廃棄物（表 3）を海洋に投棄した。投棄された放射性廃棄物の 53.4% 近くは低レベル固体廃棄物である。そのうち約 93.5% は北東大西洋の海洋投棄処分海域で、8 カ国、特に英国により行なわれた。また全体の約 43.3% は、カラ海における旧ソ連による使用済み核燃料を含めた原子炉の廃棄に関係している。北極海での低レベル液体・固体廃棄物の投棄量は全体の 1.6% 未満、太平洋での投棄量は全体の 1.7% 近くである。

海洋投棄の経年的な変化を見ると、北東大西洋のサイトでの投棄は、1954 年に 20 兆ベクレルでスタートするが、徐々に増加し、低レベル放射性廃棄物処分に対するモラトリアムが導入される直前の 1980 年には年に約 7000 兆ベクレルと最高レベルに達していた。中低レベル固体廃棄物の北極海への投棄は 1964 年に始まり、1981 年まで 40 兆ベクレル未満のままであったが、1982 年、1988 年に約 70 兆ベクレルのピークがある。北極海への液体低レベル廃棄物の処分は 1959 年から 1992 年まで続いた。毎年 20 兆ベクレル以下であるが、1976 年の 350 兆ベクレル、1988 年の 195 兆ベクレルという 2 つのピークが目につく。北極海での投棄は、1992 年、ロシアが低レベル液体放射性廃棄物をバレンツ海に投棄したのが最後である。ロシアによる日本海への低レベル液体放射性廃棄物の最後の投棄は 1993 年であった。

また同報告には、1955 〜 1969 年にかけて、ロシア、イギリスと比べれば量は少ないとはいえ、日本も、伊豆諸島近海 6 地点において、水深 1400 〜 2800m の深海にコンテナ 3031 個、容積 60.6 万立方メートル、15.1

※14 注 2 と同じ。

表3　海洋に投棄された放射性廃棄物 (IAEA 報告書 1946 年〜1993 年)　単位：兆ベクレル

	α 放射体	$\beta\gamma$ 放射体	トリチウム[*1]	総計	比率 (%)
大西洋					
ベルギー	29	2091	787	2120	2.49
フランス	8.5	345		353.5	0.42
ドイツ	0.02	0.18		0.2	-
イタリア	0.07	0.11		0.2	-
オランダ	1.1	335	99	336.1	0.40
スウエーデン	0.94	2.3		3.2	-
スイス	4.3	4415	3902	4419.3	5.19
英国	631.2	34456.3	10781	35087.5	41.24
米国		2942		2942	3.46
小計	675.13	44586.90	15569	45262.05	53.20
北極海					
旧ソ連		38369.1		38369.1	45.10
ロシア		0.7		0.7	
小計		38369.8		38369.8	45.10
太平洋					
日本	0.01	15.07		15.08	0.02
韓国				NI [*2]	
ニュージーランド	0.01	1.03		1.04	-
ロシア		2.05		2.05	-
旧ソ連		873.6		873.6	1.01
米国		554.25		554.25	0.66
小計	0.02	1446.00		1446.02	1.70
総計				85077.87〜85078	100.00

[*1] トリチウムの数値は $\beta\gamma$ 放射体に含まれる。
[*2] 韓国の数値については有意な情報がない。

兆ベクレルの固体廃棄物を海洋投棄していたと報告されている。

3-3　ムルロア環礁などでの地下核実験

　フランスによる 120 回以上の地下核実験が行なわれたムルロア環礁では、1 回の核爆発ごとにサンゴ礁が 2cm 沈下し、環礁は徐々に不可逆的に崩壊していたと言われる。サンゴ礁の海中の壁面には亀裂ができ、そこ

から放射能が海洋に漏出しているという報告がある。「報道によれば、亀裂の一つは50cmの幅で、500mの長さに達し」ている[※15]。また、サイクロンにより環礁内にあった放射性物質がラグーンに洗い出されると言う事態も起きている。同様の事例が、他にどのくらいあるのかは不明であるが、サンゴ礁のよく似た環境で実験が行なわれたケースは多いと考えられる。

いずれにせよ、放出量から見ると主要な汚染源は、初めに示した上記2-1、2-2、2-3の三者である。これらを比べると、放出量は、大気圏核爆発が圧倒的に大きく、核爆発1回あたり平均580京ベクレルである。福島事態は13京ベクレル、平常時における再処理工場は10年稼働すると10京ベクレルのオーダーで、核爆発による放出が圧倒的に大きい。ただし、放出源と人口や経済活動の集積度関係などが関わるので、これを以って福島事態や再処理の環境影響が小さいと見なす根拠にはならない。

2　海洋への流入経路と挙動

海洋への流入経路としては、a. 大気への放出後、直接、海面に降下する場合、b. いったん、陸に降下したものが、雨に溶け、陸域から河川、地下水を経由して海洋へ入る場合、c. 放出源から直接、液体として海へ流入する場合が考えられる。大気圏核爆発では、ビキニなど島嶼部での核実験において、爆発直後に、近隣海域へ直接、落下した部分と、一旦、成層圏まで移動し、徐々に落下して、雨水などの形で地球表面の70％を占める海面に降下したものに分けられる。これに対して、福島事態では、大洋に面して開放型の海岸に立地している関係で、崩壊熱への対処に使われた高濃度の汚染水が直接、海洋へ漏えいした。その結果、福島事態では、三つの要素すべてがあてはまる。チェルノブイリ原発事故では、内陸に立地する関係で、a、bのケースが想定される。平常時における核施設では、原発からの低レベル放射能の放出という問題もあるが、量的には再処理工場からの海洋への直接的な液体放出が大きな比重を占める。

※15　注3に同じ。

環境に放出された後、福島原発の場合は、海に直接、液体として入るものが相当量あった。他方、大気に放出されたものの約半分は海に降下したと考えられる。海に入った後は、物質ごとにやや様相は異なる。セシウムなど水溶性のものは、水の移動に伴って動いていく。粒子状のものは、一部沈降しつつも、かつ海水の流動によって移動していく。

　海洋環境に入った後は、矛盾した二つの過程がある。一つは、海水に混ざり、希釈されていく過程である。原子力安全・保安院などは、この面を強調し、「海水は膨大にあるので、それと混ざることによって希釈されるので、生物にとどくときには、相当、薄まるはず」と言ってきた。確かに、希釈、拡散というプロセスはある。水に溶け、流れに乗り、動きながら、薄まっていく。しかし、流入水は、淡水で軽いため、表層を這うように拡散し、予想外に希釈されない面がある。一方で、濃縮される過程がある。その一つは、粒子への吸着、沈殿など物理化学的な過程である。もう一つは、食物連鎖を通した生物学的な濃縮である。核種によって、その度合いは異なるが、何らかの濃縮を受けることは事実である。このように放射性物質は、濃縮と希釈という相矛盾した両方の過程を受けながら海の中を動いていくことになる。

　生物の過程に入った物質は、食物連鎖を通じて移動していく。海のなかの生物相互の関係は、よくピラミッドで描かれる。陸上に植物、動物がいるのと同じように、海の中にも植物と動物の両方がいる。量としては植物が圧倒的に多い。海の植物には、植物プランクトンと海藻がある。植物に太陽光が当たることで、海中でも光合成が行なわれ、無機物から有機物が作られる。その植物プランクトンを餌として、動物が生きている。直接的に植物プランクトンを食べるのは、動物プランクトンである。動物プランクトンにも様々な種類があり、エビ、カニ、貝などの幼生も含まれる。例えばカニ、貝の生活史を考えると、卵から孵化した直後の幼生時代は、自らが動物プランクトンとして、海に浮かんでいる。動物プランクトンを餌として、福島事態で問題になってきたコウナゴ、カタクチイワシ、シラスなど低次の魚が群れをなして暮らしている。それらを食べるサンマ、サバ、アジ、サケ、タラなどがいる。このように何重もの食物連鎖構造ができており、生態系ピラミッドと称される（図2）[※16]。ただし、食べる、食べ

※16　大阪湾シンポジウム編（1993）:『大阪湾の本』

図2 海洋における生態系ピラミッド

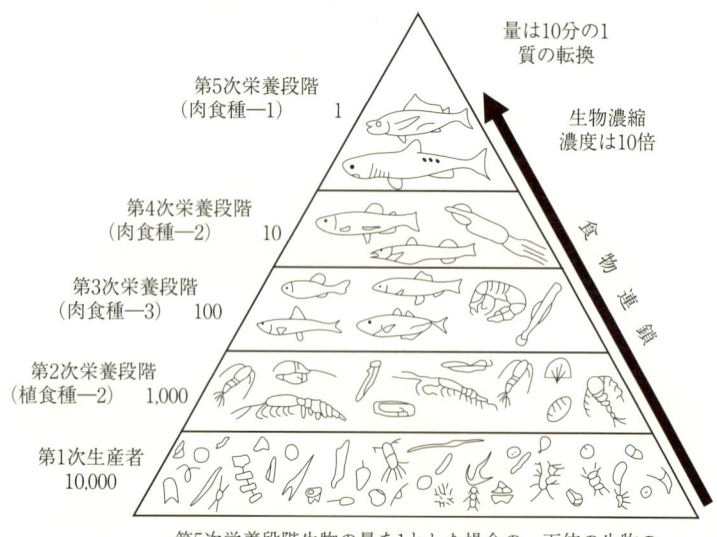

```
                        量は10分の1
                        質の転換
   第5次栄養段階
   (肉食種―1)    1
                              生物濃縮
   第4次栄養段階                濃度は10倍
   (肉食種―2)    10
                                    食
   第3次栄養段階                      物
   (肉食種―3)    100                連
                                    鎖
   第2次栄養段階
   (植食種―2)  1,000

   第1次生産者
             10,000
```

第5次栄養段階生物の量を1とした場合の、下位の生物の
補食される量を示す。

られるという実際の関係は、より複層的で単純な三角形では説明できない側面はある。ここでは、理解を助ける一つの捉え方として紹介しておきたい。そして放射能は、この食物連鎖構造の中で濃縮されていくことになる。

さらに、それぞれの生き物には寿命がある。死んだら、下に落ちながら分解されていく。つまり生物には「死と腐敗」の過程が必ずある。腐敗というのは、有機物が微生物によって分解されていくことである。この「死と腐敗」という過程を経たあとは、体内にあった放射能は海水に移行していくことになる。

問題は、無機的な環境と、食物連鎖で構成される海洋生態系に対して、人間が作った人工的な毒物が投入されたとき、生態系の全体構造がどういう影響を被るのかである。ある箇所に物質が入り込む。それにより、生態系のどこかが崩れるにつれて、全体のバランスが崩れていくことが懸念される。自然は＜縫い目のない織物＞、つまりシームレスである。どこかが

崩れると、思いもよらぬ悪影響をもたらすことは十分考えられる。とりわけ胚発生への影響などが顕在化すれば、遺伝的影響をもたらす可能性もある。その結果、生殖活動に影響を与えていくとすれば、長期にわたる大きな問題となる。

　以上の基礎的な概念を理解した上で、以下、具体的な福島事態や大気圏核爆発に伴う放射能放出と、それによる生態系への影響を見ていこう。

第2章 福島原発事故による海洋の放射能汚染

―― 世界三大漁場を汚染する福島事態 ――

福島で起こった事態は、人々の生活も仕事もすべてを奪ってしまう過酷なものである。原発事故では平常時とはケタ違いの放射能が放出され、ひとたび事態が発生してしまったら手の施しようがない。

　2011年3月11日から最初の1週間を中心に、福島原発から大量の放射能が環境中に放出された。大気に出た放射能は、陸上と海上に半分ずつ降下していると推測される[※1]。それらは、目に見えないまま、知らないうちに、山の上から海の底まで環境の隅々に忍び込んでいく。その結果、福島県を中心に市民は、何重もの深刻な影響を受けている。

　文部科学省が2011年11月11日に発表した航空機からの測定による広域的なセシウム134及びセシウム137沈着量の分布図（図3）[※2]から、多くのことが推測できる。原発から約40kmにわたり西北西に伸びるプルームが最も汚染のひどい強制避難区域を示す。その延長にある福島市や二本松市、郡山市には、阿武隈川の流域に沿った盆地沿いに2番目の高濃度域がある。さらに第3の濃度域が、山間部に沿って栃木、群馬、埼玉方面にまで拡がり、その先端は東京の最高地点付近にまで達している。他方、関東地方の平野部では、太平洋上空を南下した後、海風によって運ばれたと見られる塊りが、柏、松戸など茨城県、千葉県、埼玉県、東京都の県境に存在している。北方にも宮城県北部から岩手県南部にかけて、帯状にやや高濃度の地域がある。

　原発から最も近い人々は強制立ち退きとなり、生活とその基盤そのものを奪われた。この結果、故郷を追い出され、しかもいつ戻れるかわからない強制避難区域ができてしまった。セシウムの半減期を考えると、長期にわたり故郷から離れて暮らさざるを得ない可能性が高い。福島市、郡山市などでは、平常値の数十倍の放射線があるところで、内部被曝の脅威にさらされながら、子どもも含めた暮らしを強いられている。農漁業などの第1次産業では、農業・漁業労働に従事する自由を奪われ、生産した農水産

※1　日本原子力研究開発機構（2011年6月24日）:「太平洋における放射能濃度分布のシミュレーションについて」。www.jaea.go.jp/jishin/kaisetsu04/kaisetsu04.pdf
※2　文部科学省（2011年11月11日）:「文部科学省による、岩手県、静岡県、長野県、山梨県、岐阜県、及び富山県の航空機モニタリングの測定結果、並びに天然核種の影響をより考慮した、これまでの航空機モニタリング結果の改訂について」。

図3　航空機測定による地表面へのセシウム134、137の沈着量の合計

（文部科学省、2011年11月11日発表）

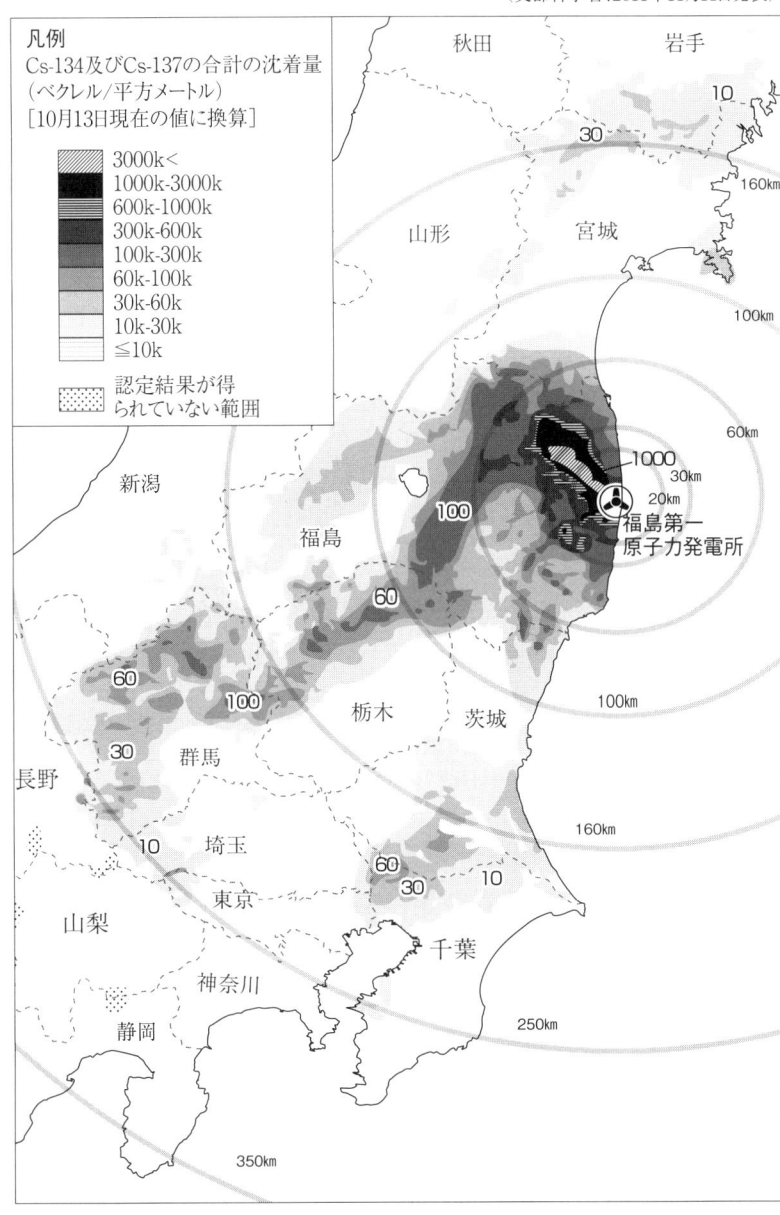

物が、人々に喜ばれて食してもらえない状況の中で、労働の意味そのものが奪われている。更に原発の現状を維持、改善するために、人海戦術により放射能に曝されることを前提とした多くの労働者が存在している。あらゆる領域で、人間にとって必要な生活と労働、人権と生活権が奪われたのである。

　3月15～16日、文部科学省（以下、文科省）の各県の空気中の放射線モニターは、東日本の各地で通常と異なるやや高いパルス的なピークを記録していた。東京や横浜にも、一時的には放射能を含んだ大気の塊が到達したことは確かである。これも第4次的汚染と言うべき事実である。ただし、その時の沈着量は、後々まで大気中の放射線レベルを高めたままにするほどのものではなかったと考えられる。その後、しばらくして多くの地域でほぼ平常値に戻っている。

　図3は、汚染実態について一つの目安を与えてくれる。しかし放射能汚染は、土壌などに一旦沈着した後、雨水による溶解や風による浮遊と移動、さらには水の循環などにより、環境中を移動するため、空間的には境界がわかりにくい。こうして福島原発から西北西の方向に谷沿いに入った避難地域、その延長の盆地に位置する福島市・郡山市など、その延長上の山々、茨城県南西部、関東地方一帯、東日本、更に偏西風によりグローバルに輸送されたものも一部、存在しているなど、幾重もの構造がある。

1　海洋への放射能流出の背景

　福島第1原発における運転中の原子炉は、地震がおこるとすぐに制御棒を挿入して核分裂反応を停止した。しかし放射性物質は膨大な崩壊熱をだしつづける。これをなんとしても冷やさないと核燃料が溶け出して水素爆発や水蒸気爆発をおこしたり再臨界・核分裂をおこし、原子炉を破壊してしまう。福島第1原発では、崩壊熱に対処するための冷却機能が果たせなくなったことで、水に溶けた形で、直接、放射性物質が海に出て行くことになった。

　冷却機能が果たせなくなった主な要因は、地震・津波に伴う一次冷却系の損傷と非常用施設の流出という二つがある。第1は、津波により、非常

用電源系統がさらわれ、破壊されたことである。しかし、これに対しては、苦心惨憺の末、水を注入できたことで、一定の対応は可能であった。

　最も深刻だったことは、いくら水を注入しても燃料棒を水で満たせなかった点にある。一部、冷却に際して蒸発する部分はあるにしても、注入量に比して漏れていく量が多かったということである。その原因は津波とは関係ない。事故は津波のせいだと東京電力は言っているが、実際には津波の前の地震動によって、一次冷却系統に多重の損傷ができていたのではないか。一次冷却系の様々な個所に、亀裂や隙間ができ、穴があいてしまった。その箇所を特定することはできなかった。暗闇であることに加え、漏れ出ている水は、「死の灰」に直接ふれた超高レベルの放射能で汚染されているため調査自体が不可能である。1日に約1000トンの水を供給しても、それより多いものが外に漏れてしまっていたという事実がある。仮に浜岡原発で津波対策の防波堤ができて津波は防げても、致命的なことは別の次元の問題であることを知らねばならない。

　筆者が、今回の出来事で一番、深刻な事態だと感じたのは、3月15日の新聞の朝刊一面を見たときである。「2号機　燃料棒　全て露出」とあった。その状態が前日から続いているというのである。12、14日には、1号機、3号機で相次いで水素爆発があり、格納容器が破壊され、大きな噴煙を出し、膨大な核分裂生成物を放出していた。その映像を多くの人が見た。勿論、これは深刻な事態である。しかし原子炉そのものが壊れて、直接、放射能を放出したわけではない。

　15日の記事は、それ以上のことが起こりうる可能性を暗示していた。相当量の水を注入しつづけているはずなのに、原子炉内の水位が上がらない。注入量よりも多い水が、漏れ出ているということである。各所に損傷個所ができ、高濃度の汚染水が漏れているとしか考えられない。地震で一次冷却系が多重の損傷を受け、水が循環できないということであろう。この時点で、2号機の燃料は全部溶け、原子炉の下に落ちていたとしか考えられなかった。東電は、5月12日になって1号機のメルトダウンを認めたが、3月15日の記事から推測すれば、少なくとも2号機で同様のことが起きていたことを想起させる。

　これでは、崩壊熱に対する冷却ができず、燃料棒が溶けて、落下してい

く事態を食い止める決め手がない。しかも、その相手は一つではない。四つの原子炉と四つの使用済燃料保管プールへの対処を全てやりきらねばならない。集中立地の弊害が、まともに出てしまった形である。どうしていいかわからない、再臨界や炉内での水素爆発などを起こさないために、自信を持って対処できない状態が続いた。できることは、うまくいくかどうかはわからないが、とにかく漏れることは承知で、水を注入し続けることだけである。

　このとき、東電幹部や原子力安全・保安院だけでなく、菅首相（当時）も含めて、制御できない時の放射能の恐ろしさを、嫌というほど思い知らされたであろう。人間の手に負えないものであることを実感したはずである。まさにパンドラの箱の中身をかいま見た瞬間であった。

　結果として、溶けた燃料棒を冷やした水が冷却系から漏れ続け、原子炉や格納容器の下にたまり続けた。汚染水は建屋底部や隣のタービン建屋、さらにつながるトレンチやピットなどへと漏れ出す。その結果、溶融した燃料の「死の灰」と触れ合って高濃度の放射能で汚染された水が貯まり続けた。こうして漏れ出ている汚染水に対処しようがない状態が、10日以上続いたのではないか。冷却に使用し、日々、増え続ける非常に高濃度の汚染水が、何万トンとあったはずで、その一部が海洋に出ていった。海に対して意図的に放出したというよりは、見ているしかなかったというのが現実であろう。東電が、福島第1、及び第2原発放水口近くの海水を測定し始めたのは、ようやく3月21日になってからである。初めの10日間は、汚染水が海に出ているだろうことを推測してはいても、調査すらできなかったのである。

2　海洋への放射能放出量

　最も肝心な事故当時の福島第1原発における放射能の存在量と海への放出量が、未だによくわからない。電気出力100万キロワット原発が、1年間稼働すると約1トンの「死の灰」ができる。広島原爆の「死の灰」はおよそ1キログラム。福島原発で大事故をおこした1から4号基の合計は電気出力282万キロワットである。平均して1年稼働した状態と仮定すれば、

その「死の灰」は2.8トンになる。広島原爆で放出されたものの2800個分に相当する。また「使用済み燃料プール」にあった燃料集合体は4546体である。1集合体に平均60本の燃料棒があるとすれば、それだけで約27万本の燃料棒になる。更に「共用プール」の6375体が存在していた。1カ所に原子炉を6基も配置すると、一つの原発構内に、恐ろしい量の「死の灰」をためこむことになる。

ヨウ素の存在量に関しては、4月9日の報道機関のデータだが、原子炉に590京ベクレルあった。そのうち大気へ3〜11京ベクレル、海洋へ4京ベクレルが放出されたとされている。存在量の数％が環境中に出た。そのうちの6割強が大気へ。残りが海に出たくらいしかわからない。

これまで、東電は、原子力安全・保安院へ海洋への放出量として三つのことを報告している[※3]。第1は、4月2日になって、2号機の取水口付近のピットの亀裂（約20cm）から、直接、汚染水が海に流出していたというものである。海水基準の1000万倍の濃度の水だった。6日までに止水できたので、4月1日から6日まで続いたとして、これが約520立方メートル出たとし、放射性セシウム1900兆ベクレル、ヨウ素131が2800兆ベクレル、合計4700兆（4.7ペタ）ベクレルと試算している。発表されたものの筆頭がこれである。第2は、低濃度水1万393立方メートルを意識的に流した問題で、これは放射能総量が約1500億ベクレルである。これとて、平常時の管理目標値である年2200億ベクレルに近い相当大きな量であるが、第1と比べると桁が4つ小さい。つまり1万分の1である。第3に、5月10、11日の2日間、3号機の取水口付近のピットから高濃度水250立方メートルが流出したということで総量が約20兆ベクレルと推定している。第2、第3の例でも、平常時と比べると膨大な量であるが、第1例の1％にも満たない誤差の範囲内である。第1例が、いかに濃度の高いものであったかが分かる。政府は、6月、IAEA閣僚理事会への報告書で、上記の東電の説明をそのまま報告している。

しかし、これらは、肝心な3月中の放出量を含んでいない。一部分しか見ない過小評価である疑いが濃い。後に示す東電の福島第1原発放水口付

※3　原子力安全・保安院（2011年5月23日）：「排出基準を超える放射性物質濃度の排水の海洋への影響について」。

近の海水中のセシウム 137 濃度の変化（図 4）を見ると、3 月 30 日から約 1 週間続くピークに向けて、21 日から濃度が急上昇しており、この期間の放出こそが、海洋への流出の本体に違いない。しかし、東電や政府から、これに関する説明は一切、行なわれていない。さらに後述するが、5 月中旬以降、海水濃度が、なかなかゼロにならなかったことも重要である。この 2 点から推測すれば、東電発表の放出量と比べ、実際は、より多くの放射能が出ていたとしか考えられない。

　これらを考慮に入れ、3 月 21 日から 4 月 30 日の海への放出量として 1.5 京ベクレルとする日本原子力研究開発機構の試算値もある。更に、10 月 27 日、フランス放射線防護原子力安全研究所（IRSN）が、東電、文部科学省が測定した海水の濃度分布をもとに、海水中の現存量を計算し、放出量として 2.7 京ベクレルと推測する報告書を出している。これは、日本政府発表の 6 倍に相当する。

　他方、日本原子力研究開発機構によると、大気放出の約半分は海面に降下したと見られる。これに従えば、IAEA への政府報告にある大気放出量の総計 19.9 京ベクレルの半分、約 10 京ベクレルが大気から海洋に降下していたことになる。

　以上、まとめれば 3 月 12 日から 1 週間を中心に大気へ放出され、拡散されつつ、面的に海洋に降下した 10 京ベクレルと、やはり 3 月のある段階から福島第 1 原発から連続点源として、液体の形で海洋に流出した 2.7 京ベクレルの二つが、海洋への主要な汚染源ということになる。しかし、依然として真相は闇の中である。

　7 月末から福島原発放水口付近の海水の放射能は、少なくとも 4 ケタ以上低くなり、8 月にはほとんど検出されなくなった。このことから、原発から直接、液体として放出される放射能は、大幅に減少したと推測される。

　その後の海洋への放射能の流入は、陸に降下したものが、粒子に付着したり、水に溶解した形で、河川や地下水を通して起こると考えられる。11 年 6 〜 8 月にかけ、京都大学、筑波大学、気象研究所などが実施した阿武隈川での河川水中のセシウム濃度や河川流量の調査から、8 月ころの阿武隈川河口から海への流入量として 1 日当たり 524 億ベクレルという試算が

出ている。これが、1カ月続けば1.5兆ベクレルになる。これは、先のフランス防護委員会の推算値と比べれば2万分の1ではあるが、原発からの年間放出量の上限としてセシウムなどは2200億ベクレルと定められている量と比べると、その7倍である。福島県浜通りの小河川で、上流が高濃度に汚染されている場合（例えば新田川、真野川など）には、それらの河川からの流入も無視できないであろう。これらは、例えば、セシウム137の半減期からして、少なくとも30年以上にわたって供給され続けることになる。

更に後述するが、福島県から茨城県沖を中心に、海底堆積物に相当量の放射能が沈積したとみられる。欧州のアイリッシュ海での経験から推測すると、今後、海底から海水へのセシウムの溶出が起こることで、海底に蓄積された放射能が二次的な汚染源となる可能性もある。

3　海洋における放射能の分布と挙動

以上を前提に、海洋に放出された放射能の分布、及び挙動について検討しよう。筆者自身は現場での試料の採取や測定はしていないので、国や東電の測定したデータを中心に分析を試みる。

1　海水

東電は、3月21日から福島第1、及び第2原発の放水口付近で各2点ずつ計4点について、放射性セシウム、及びヨウ素131の海水濃度をはかり始めた[※4]。さらに3月23日からは、文科省が福島第1原発をとり囲む形で、沖合30kmの10点で測定を始めた。

最初はヨウ素131の値が高かった。しかし、4月19日頃、ヨウ素131より放射性セシウムの濃度が高くなる現象が一斉に起きている。これは、ヨウ素131の半減期が7.5日と短いためである。以下、放射性セシウムの分布や挙動を追跡する。

図4は、セシウム137に関して、福島第1、第2原発付近の4点におけ

※4　東京電力（2011年3月22日）：「福島第一原子力発電所放水口付近の海水からの放射性物質の検出について」。http://www.tepco.co.jp/cc/press/11032201-j.html

図4 東京電力福島第1、第2原発付近4地点における海水のセシウム137濃度の経時変化(東京電力測

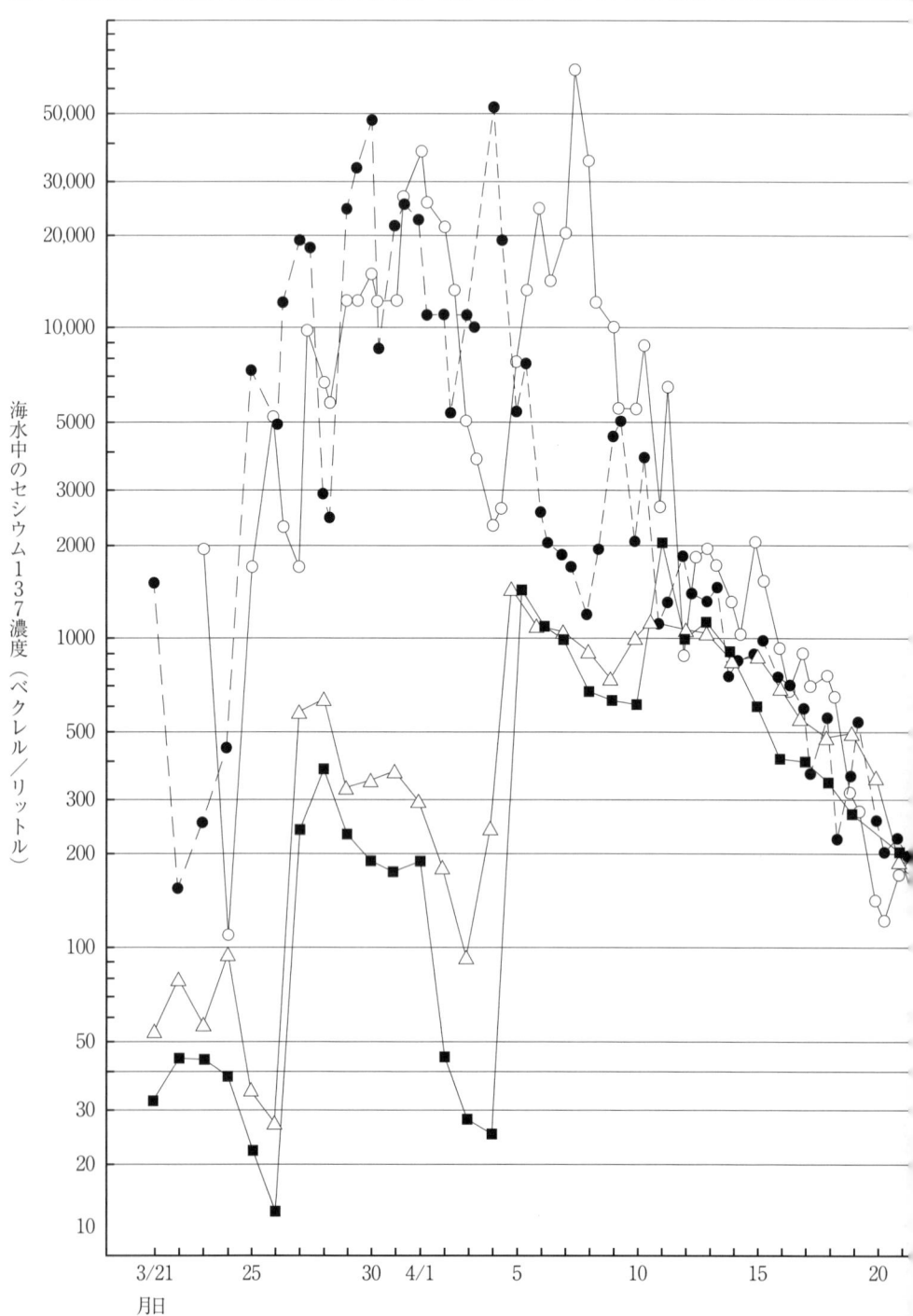

2011年3月21日～5月21日

○　福島第1原発　北放水口付近
●　福島第1原発　南放水口付近
△　福島第2原発　（福島第1原発から南へ10km）
■　岩沢海岸　（福島第1原発から南へ16km）

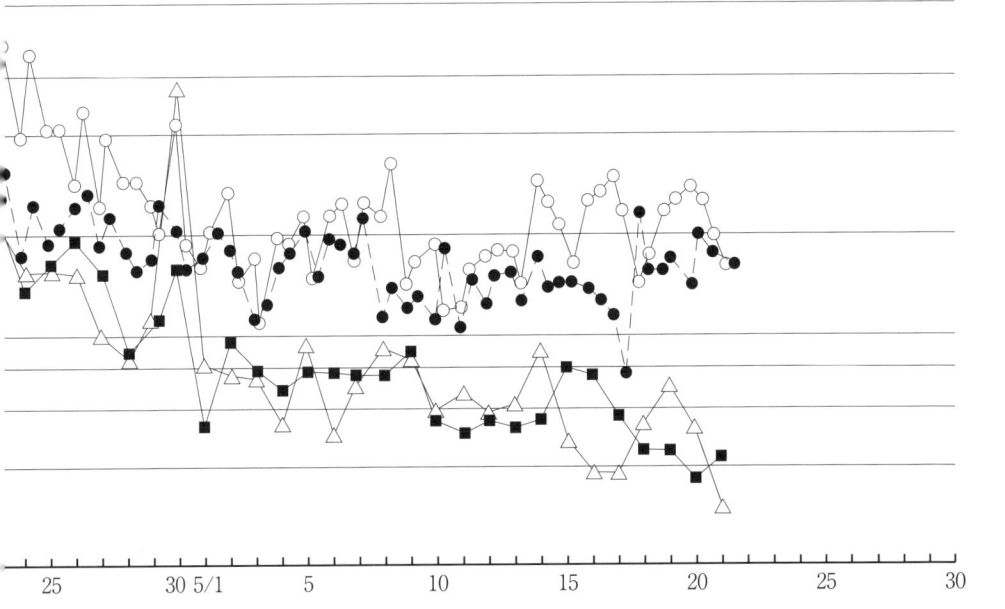

る変化を見たものである。以下は、すべて1リットル当たりのベクレル数である。まず重要なことは、測定を始めた3月21日、第1原発の南放水口付近で1500ベクレルが検出されたが、同日、第1原発から10km南にある福島第2北放水口付近で53ベクレル、第1原発から南16kmの岩沢海岸でも33ベクレルの放射能が検出されていたことである。福島第1原発近傍の海水と比べて、30〜50分の1で、桁が2つ低いだけである。10〜16kmも離れた場所の海水が、事故から10日もたたないのに、既に相当な濃度の放射能を帯びていたことは、汚染水の流出が、かなり早い時期に始まっていたことを示唆する。

福島第1原発では、3月30日に向けて濃度が急上昇し、30日には、南放水口付近で、4万7000ベクレルに達する。事故発生直後からの約3週間に、相当量の放射能が出ていたことがうかがえる。そこから4月8日までの約10日間は、福島第1原発の南北放水口付近の海水は、1万ベクレルを下まわる日はないまま高濃度が続いた。最高値は、4月7日の北放水口における6万8000ベクレルである。

福島第1において濃度が上昇していくにつれ、福島第2北放水口、さらに岩沢海岸でも濃度上昇がみられ、4月5日頃、両点とも1000ベクレルを越して、最高値1400ベクレルとなる。福島第1での変動に対して約1週間の遅れがある。これが、一方向の流れが続いていた結果の放射能量の増加と仮定すれば、毎秒約3cmの南へ向けた一方向の流れが存在していれば到達可能である。また、海況が同じと仮定すれば、測定を始めた21日より1週間前といえば、3月15日頃には既に海洋への流出が始まっていた可能性がある。

福島第1原発では、4月9日以降、急激に濃度が下がり始め、約2週間にわたり低下が続く。23日には約100ベクレルまでに低くなり、岩沢海岸付近を含めた4点が、ほぼ同レベルになる。

その後は、福島第1原発の2地点ともに80〜100ベクレルと相当な高濃度を保持したまま、5月末まで横ばいが続く。この濃度は、欧州の再処理工場による汚染で、アイリッシュ海東部の最も高レベルの汚染海域の値（第4章、2参照）に匹敵する。曲がりなりにも、セシウムを吸着させる処理装置を稼働することで、海に出ないよう努力しているはずなのに、3カ

月近くがたっても海水濃度がゼロにならない。把握しきれていない放出ルートが残っていたと考えられる。それでも最高値の頃と比べれば、およそ1000分の1程度までに減少している。

その後、6月6日頃から減少し始め、一定の対策を施した結果、7月後半には4点ともセシウムが検出されない日が増えていく。8月に入ると海水からの検出はほぼなくなった。一方向の流れが常に存在していたとすれば、定点で測定している海水は常に新たな水である。従って、放水口付近の海水から微量でも放射能が検出されるということは、放出量がまだまだ大きいことを示唆している。その状態が5カ月近く続いていたことになる。

他方、水平分布をつくれるほどのデータがないので、よくわからない面はあるが、東電調査の海岸4点、文科省測定の沖合5点により3月30日の濃度を水平的に比較してみる。以下は、すべて1リットル当たりのセシウム137濃度であるが、福島第1原発の南放水口付近で4万7000ベクレルという、基準値の527倍もの濃度が見られる。高濃度な汚染水が直接流出していることを物語っている。南へ10kmの第2原発北放水口付近で320ベクレル、更に岩沢海岸で190ベクレルが認められる。これらは、ともに第1原発南放水口の150、250分の1の濃度である。沖合30kmの海水中セシウム137濃度は、5点中、3点は不検出である。検出された2点は7.2ベクレル、8.5ベクレルで、放水口付近と比べ約5000倍濃度が低い。文科省による沖合30kmのデータのなかでは、福島第1原発沖の表層水で、4月15日に最高値186ベクレルを検出している。それでも5月に入ると、どの測点も、ほぼ不検出となった。

原子力安全委員会は、「海水に希釈されて拡散していくので、魚、海藻に届くまでには、希釈されると考えられる」と言っていた。これは、ビキニ水爆実験で米原子力委員長が、「ごく近傍を除けば、海水から放射能が検出されることはない」(第3章、2参照)と豪語していたのと同じ思考パターンである。半世紀を経た今も同様の精神構造が続いているのである。

8月以降、海水から検出されなくなったのを受けて、9月以降は、沖合30km以上の海域では、検出下限値を0.001ベクレル/リットル(1立方メートル当たり1ベクレル)に切り替えた測定が始まった。第4章で述べるが、

欧州の再処理工場等による海洋汚染は、1立方メートル当たりの濃度を測定している。福島原発の放水口近くの海水では、初めの5カ月間は、1立方センチメートル、ないしは1リットル当たりで計測しており、桁が3～6ケタも高かった。この事実は、福島事態が発生した直後、海水が、どれほどひどく汚染されていたかを物語っている。

2　海底堆積物

文科省は、5月9日から宮城県から千葉県にかけての沿岸域で、海底堆積物のセシウム134、137の測定を開始し、以後、2週間から1カ月おきの観測を継続している（表4[※5]）。これによると、福島第1原発の沖合30kmで乾重量1キログラム当たり110～320ベクレル、平均187ベクレルと高い。さらに南に100kmの大洗沖などもかなり高く、9月には520ベクレルと最高値が出ている。定常的な分布になっていれば、観測ごとに、あまり変化しないはずであるが、かなり変動している。

表4には、ほぼ同じ海域における2009年のデータを追加してある。2009年が、全体として乾重量1キログラム当たり0.7～1.5ベクレルの範囲にあったのと比べると、軒並み上昇している。牡鹿半島を越えた女川沖でも5～9ベクレル、平均8ベクレルで、他の地点と比べ相対的に濃度は低いが、同地点の2009年と比べると約3～6倍である。その他の地点では、鹿嶋、銚子なども含めて、2009年の40～140倍へと高くなっている。

ここで、大きな特徴は、事故から3カ月くらいたつ6月上旬になり、福島第1原発から南へ100～170km離れた大洗から鹿嶋にかけてなど、かなり広い範囲で海底堆積物の濃度が急上昇していることである。この背景には、黒潮と親潮が交差する場にできる潮境の位置の停滞しやすさとの関連があると考えられる。親潮系の緩やかな南下流に乗って、福島原発から南に移動してきた放射能が、潮境に来て沈降し、その一部が海底に沈殿する過程がほぼ同時に起こっている様子がわかる。また福島原発沖30kmでは、相当量が堆積し、北方では仙台湾中央部でも、かなりの影響が認められる。この時期からの海底付近を生息場所とする生物への影響が懸念され

※5　文部科学省（2011年5～10月）：「海底土のモニタリング結果」。
　　　http://radioactivity.mext.go.jp/ja/monitoring_around_FukushimaNPP_sea/

表4 太平洋沿岸海域での海底堆積物のセシウム137濃度の変化（ベクレル/kg）

（文部科学省、2011年5月9日～10月13日）。

	5月9日	5月23日	6月6日	6月20日	7月5日	7月25日	9月7日	10月13日	変動幅	平均	2009年
A（雄勝沖）	7	8.6	9	11	5	8	8	5	5～11	8	1.5
B（仙台湾）	110	78	18	29	26	34	29	44	18～110	46	—
C（相馬沖）	94	58	46	20	26	49	21	28	20～94	43	1.2
D（福島第1原発沖）	320	210	160	170	110	150	170	190	110～320	185	1.5
E（福島第1原発沖）	85	37	88	20	210	100	150	200	20～210	111	0.8
F（福島第2原発沖）	50	67	73	77	79	77	97	77	50～97	75	0.7
G（四倉沖）	27	60	41	89	42	41	52	98	27～98	56	1.2
H（小名浜沖）	24	56	51	45	42	49	72	86	24～86	53	—
I（北茨城沖）	12	62	33	22	49	72	130	140	12～140	65	—
J（大洗沖）	50	28	250	130	200	180	520	57	28～520	177	1.0
K（鹿嶋沖）	7.5	5.8	53	68	60	120	34	30	6～120	47	1.1
L（銚子沖）	1.9	1.7	26	25	21	15	9	9	2～26	14	—

＊試料採取には、1週間近くかけているが、表には始まりの日付を記した。
＊同海域における2009年のセシウム137濃度は0.7～1.5ベクレル/kg。
＊2009年の測定点は近隣の値。—は該当する測定点がないもの。

© 緑風出版

る。さらに欧州における事例（第4章、2参照）から推測するに、今後は、福島第1原発から大洗・鹿嶋へ至る海域で、海底土に蓄積したセシウムなどが、溶出して海水へ移行する2次的な汚染源となることが懸念される。

　一方、河川や湖沼の底における土壌の放射性セシウムについては環境省による調査[※6]から表5のような結果が出ている。2011年9月の調査では警戒区域周辺の新田川、真野川などの川底では、1キログラム当たり放射性セシウム4万～6万ベクレルという極めて高い濃度が検出されている。阿武隈川水系においても二本松市高田橋3万ベクレル、本宮市上関下橋2万2000ベクレルといった値が出ている。総じて海域の濃度より2桁以上高い。

※6　環境省（2011年11月15日）；「福島県内の公共用水域における放射性物質モニタリングの測定結果について」。
　　　http://www.env.go.jp/press/press.php?serial=14445

表5　福島県内河川土壌におけるセシウム濃度分布

(2011.5.24-29 試料採取、環境省)

番号	河川	地点	セシウム137 (ベクレル/kg)	備考
1	地蔵川	浜畑橋	2300	相馬市
2	小泉川	百間橋	700	同上
3	宇多川	百間橋	51	同上
4	真野川	真島橋	7800	南相馬市
5	新田川	草野	7900	飯舘村
6	新田川	小宮	2500	同上
7	新田川	木戸内橋	16000	南相馬市
8	新田川	鮭川橋	2100	同上
9	浅見川	坊田橋	950	広野町
10	大久川	蕨磯橋	2300	いわき市
11	仁井田川	松葉橋	1000	同上
12	夏井川	北ノ内橋	94	小野町
13	夏井川	六十枚橋	220	いわき市
14	藤原川	みなと大橋	730	同上
15	鮫川	鮫川橋	770	同上
16	蛭田川	蛭田橋	110	同上
17	阿武隈川	大正橋	12000	伊達市
18	阿武隈川	阿久津橋	290	郡山市
19	広瀬川	阿武隈川合流前	4700	伊達市
20	広瀬川	舘ノ腰橋上流	5100	川俣町
21	摺上川	阿武隈川合流前	1100	福島市
22	荒川	阿武隈川合流前	4600	同上
23	移川	小瀬川橋	1300	二本松市
24	移川(口太川)	口太川橋	3700	同上
25	五百川	阿武隈川合流前	2100	郡山市
26	逢瀬川	阿武隈川合流前	940	同上
27	大滝根川	阿武隈川合流前	140	同上
28	釈迦堂川	阿武隈川合流前	1200	須賀川市
29	社川	王子橋	130	石川町

3 水産・海洋生物

　生態系への影響をとらえるという視点からの海洋生物のデータはない。「食品の安全」という観点から、水産物の放射能汚染に関して、水産庁が3月24日から調査を始めた[※7]。最初は、北茨城の漁業者が自主的に測定したところ、コウナゴ（イカナゴの幼魚）から高濃度のヨウ素やセシウムが検出され、国の調査は、それを後追いする形となった。6月14日、583検体、7月28日、1227検体、11月15日、3840検体、そして12月27日現在で5091検体となっている。検体数としては実に膨大である。ここでは、12月27日までのデータをもとに、水産生物の汚染状況を分析する。対象種としては、コウナゴなどの表層性魚種、スズキなどの中層性魚種、アイナメなどの底層性魚種、貝類やウニなどの海岸の無脊椎動物、サンマなどの回遊性魚種、淡水魚、及びワカメなどの海藻類である。

　図5は、水産庁がまとめ公表している検体の採取位置に地名を書きこんだものである。黒丸は、暫定規制値より高いものが検出された位置を示す。暫定規制値は、福島原発の事態を踏まえ、厚生労働省が緊急的な措置として定めたものである。2011年3月17日、厚生労働省は、「放射能汚染された食品の取り扱いについて」なる文書で、「原子力委員会により示されていた『飲食物摂取制限に関する指標』を食品中の放射性物質に係る食品衛生法上の暫定規制値」とし、「これを上回る食品については食品衛生法第6条第2号に該当するものとして、食用に供されることがないよう対応する」とした。ちなみに暫定規制値は、1キログラム当たりヨウ素131、2000ベクレル、放射性セシウム500ベクレルとされている。

　更に2011年12月22日、厚生労働省は、「食品中の放射性物質に係る規格基準の設定」につき新たな基準を定めることを、薬事・食品衛生審議会にかけ、了承された。これにより食品を4区分し、放射性セシウムについては、「乳児用食品」「牛乳」が1キログラム当たり50ベクレル、「水道水」10ベクレル、その他の「一般食品」100ベクレルと定められ、この新基準値は12年4月からの適用が始まった。水産生物は、「一般食品」にな

[※7] 水産庁（2011年12月27日）；「水産物の放射性物質調査の結果について」
http://www.jfa.maff.go.jp/j/sigen/housyaseibussitutyousakekka/index.html

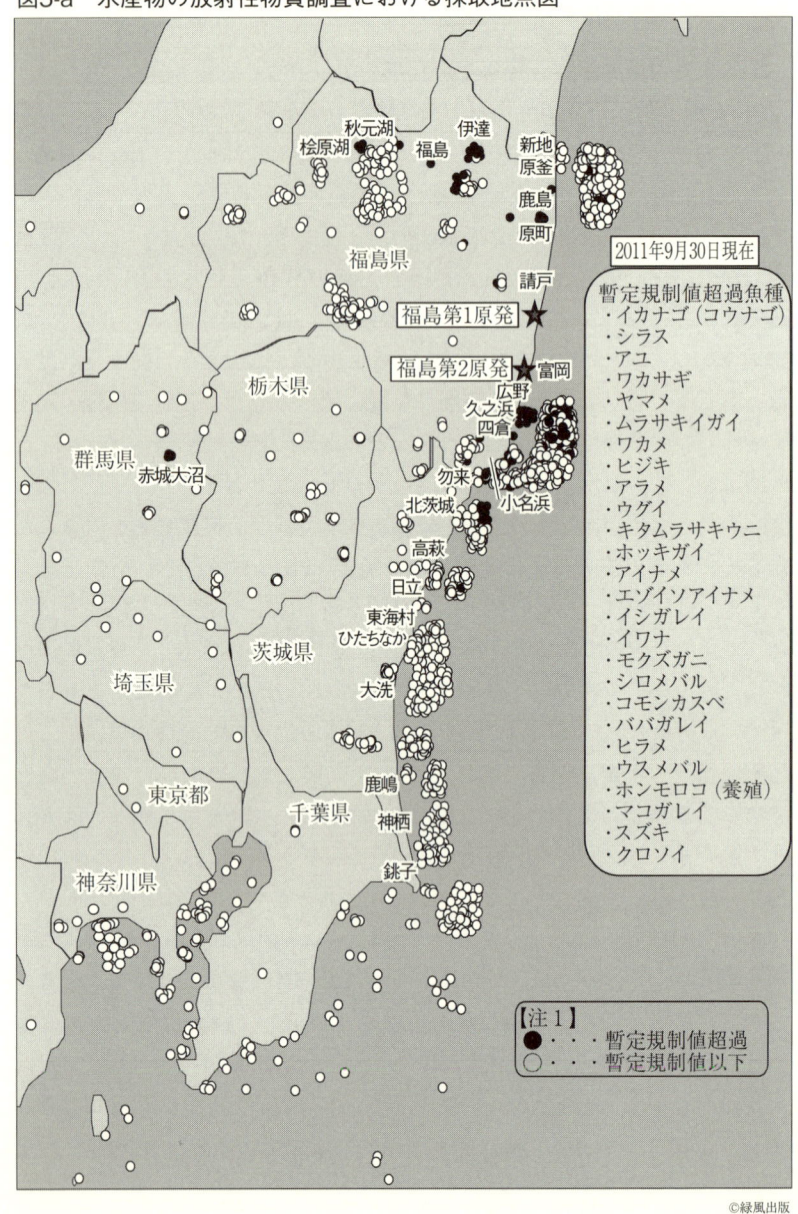

図5-a 水産物の放射性物質調査における採取地点図

2011年9月30日現在

暫定規制値超過魚種
・イカナゴ（コウナゴ）
・シラス
・アユ
・ワカサギ
・ヤマメ
・ムラサキイガイ
・ワカメ
・ヒジキ
・アラメ
・ウグイ
・キタムラサキウニ
・ホッキガイ
・アイナメ
・エゾイソアイナメ
・イシガレイ
・イワナ
・モクズガニ
・シロメバル
・コモンカスベ
・ババガレイ
・ヒラメ
・ウスメバル
・ホンモロコ（養殖）
・マコガレイ
・スズキ
・クロソイ

【注1】
●・・・暫定規制値超過
○・・・暫定規制値以下

©緑風出版

46　第2章　福島原発事故による海洋の放射能汚染

図5-b　水産物の放射性物質調査における採取地点図

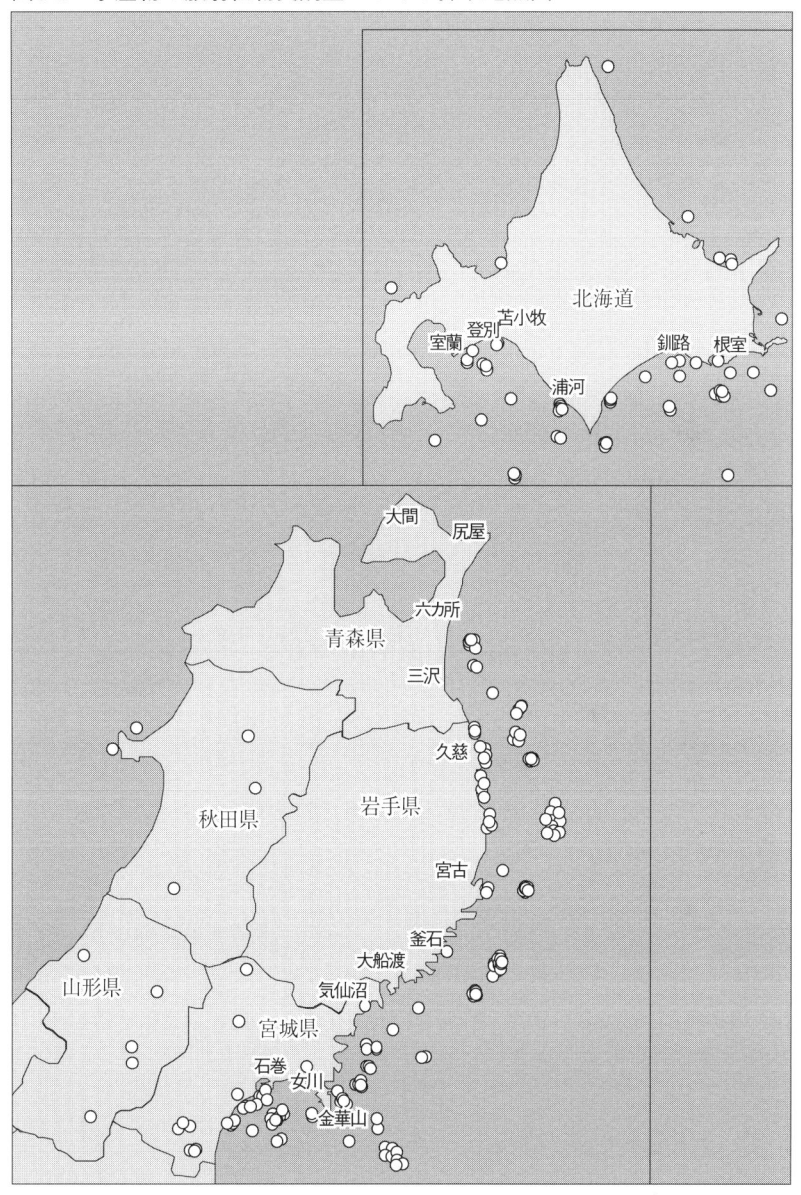

る。セシウムで見ると暫定規制値の5分の1へと厳しくなったことになる。一般国民が年間に、食品から摂取する許容線量を1ミリ・シーベルトと定め、標準的な食品の食べ方から試算して求めたとされる。

5091検体（12月27日現在）のうち、放射性セシウムが暫定規制値を超えたものは179検体である。魚種としては、「沿岸の表層性魚種（コウナゴ、シラス）、沿岸の中層性魚種（スズキ）、沿岸の底層性魚種（アイナメ、エゾイソアイナメ、イシガレイ、シロメバル、コモンカスベ、ババガレイ、ヒラメ、ウスメバル、マコガレイ、クロソイ、ムラソイ、キツネメバル）、無脊椎動物（ムラサキイガイ、ホッキガイ、キタムラサキウニ、モクズガニ）、海藻類（ワカメ、ヒジキ、アラメ）、淡水魚（アユ、ヤマメ、ウグイ、ワカサギ、イワナ、ホンモロコ（養殖））」と多岐にわたる。また基準値を超えるが、暫定規制値以下のものは824検体である。合計1003検体、全体の約20%が基準値を超えている。基準値を越える検体数は、6月から急増し、最高は11月の195検体である。福島沖の底層性魚を中心に高濃度となっている。基準値100ベクレル〜暫定規制値500ベクレルの間の濃度は、福島第1原発の南北約150kmにわたる沿岸域で、相当数、出現している。この間、福島県沖で漁業操業は行なわれていないので、事実上、市場には出回っていないと思われるが、これらは、約1年にわたり、基準値をクリアーしているものとして扱われてきたことになる。

一方、ヨウ素131は、4検体のみが暫定規制値を越えていたが、4月19日、コウナゴを最後に暫定規制値を越えるものはでていない。これは、半減期が約8日と短いためである。

放射線は微量であっても、その量に応じた影響があるので、本来ゼロでなければならないものである。従って、暫定規制値や基準値は、安全の目安というよりは、政治的、社会的概念であることを、まずは確認しておきたい。その上で、これを一つの比較の目安として、以下、海洋生物の汚染状態を見てみよう。

3-1 表層性魚種（コウナゴ、シラス、カタクチイワシ）

真っ先に高濃度汚染が問題になったのはコウナゴであった。水産庁のデータを用いて、採取地点ごとのコウナゴの放射性セシウム（セシウム

134 と 137 の合計）とヨウ素 131 濃度を示したのが図 6-1 である。横軸に採取地点、縦軸に放射性セシウム（セシウム 134 と 137 の合計）とヨウ素 131 濃度を対数で示した。脇の数字は採取月日である。最高濃度は、4月19日、福島原発から南へ30kmの久ノ浜で1万4400ベクレルの放射性セシウム、4月13日、南へ約40kmの四倉沖でヨウ素1万2000ベクレルが検出された。以下、本章での生物中濃度は、すべて1キログラム当たりの値である。

　セシウムで見ると、原発から南に向け距離に応じて濃度は減少しつつも、茨城県に入り北茨城、高萩沖（原発から約80km）まで、暫定規制値を大きく超える高濃度が見られる。原発から北へ40kmの原釜（相馬市）では、5〜7月にかけて100〜200ベクレルと基準値をオーバーしている。しかし、原発より南側と比べると、同じ距離で見れば1〜2桁近く低濃度である。ヨウ素131では、原発から南へ約120kmはある「ひたちなか」付近まで1000ベクレルを越える高濃度が見られる。

　イカナゴは、1〜2月に海底の砂に卵を産み、3月には孵化したばかりの幼魚（コウナゴ）が群れをなす。子どもになって食欲がある時期に、プランクトンを食べて成長し、夏、体の後ろ半分を砂に埋めて、夏眠をする（熊などの冬眠の逆）。冬に向けて成長し、1〜2月、再び砂地に卵を産む。これがイカナゴの生活史である。福島原発から放射能が流入した3〜4月、イカナゴは稚魚となり、成長する時期である。結果として、福島原発から南へおよそ80km範囲の広い領域で、イカナゴが高濃度に汚染されることとなった。放出された放射能の多くが、沿岸の南向きの流れによって輸送され、県境を越えて茨城県中部にまで南下していた様子がうかがえる。本章3、1.海水で述べたように、当時、福島沖には親潮第1分枝が分布し、南向きの緩やかな流れが存在していた。その流れにより放射能も南下していたと推測される。

　イカナゴと同じように表層性魚種で、低次生態系を構成するシラス（図6-2）は、5月13日、勿来でセシウムの最高濃度850ベクレルを記録するが、イカナゴと比べ1ケタ以上、低い。基準値を越えるものは、久ノ浜〜北茨城の間で見られ、空間的分布はイカナゴと同じ傾向にある。高萩より以南の茨城県沿岸では、20ベクレル前後の値が続いている。9月以降になると、どの地点においても10ベクレル以下となる。これは、シラスとして生活

図6-1 イカナゴ（コウナゴ）の放射性セシウム、ヨウ素131濃度（ベクレル/kg）

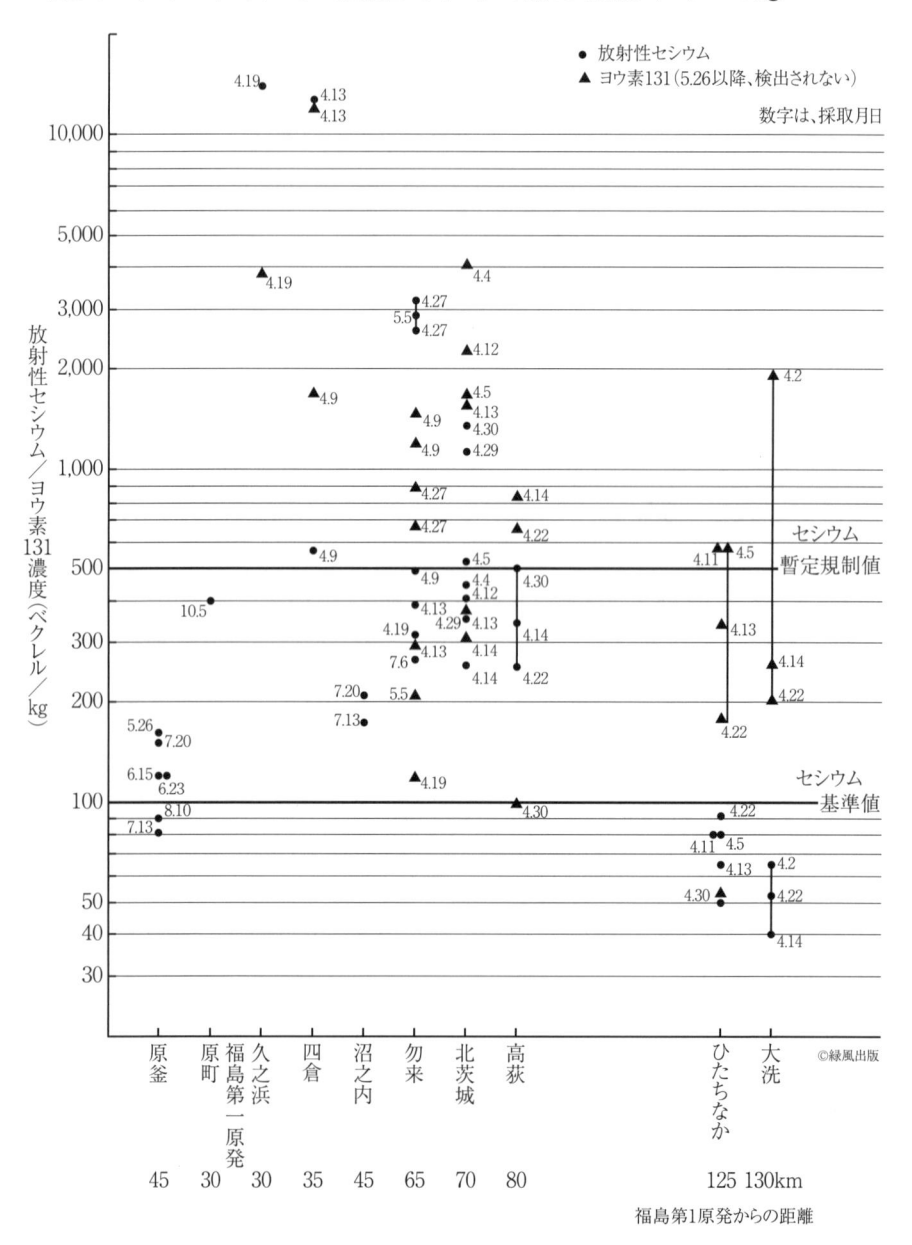

図6-2 シラスの放射性セシウム濃度（ベクレル/kg）

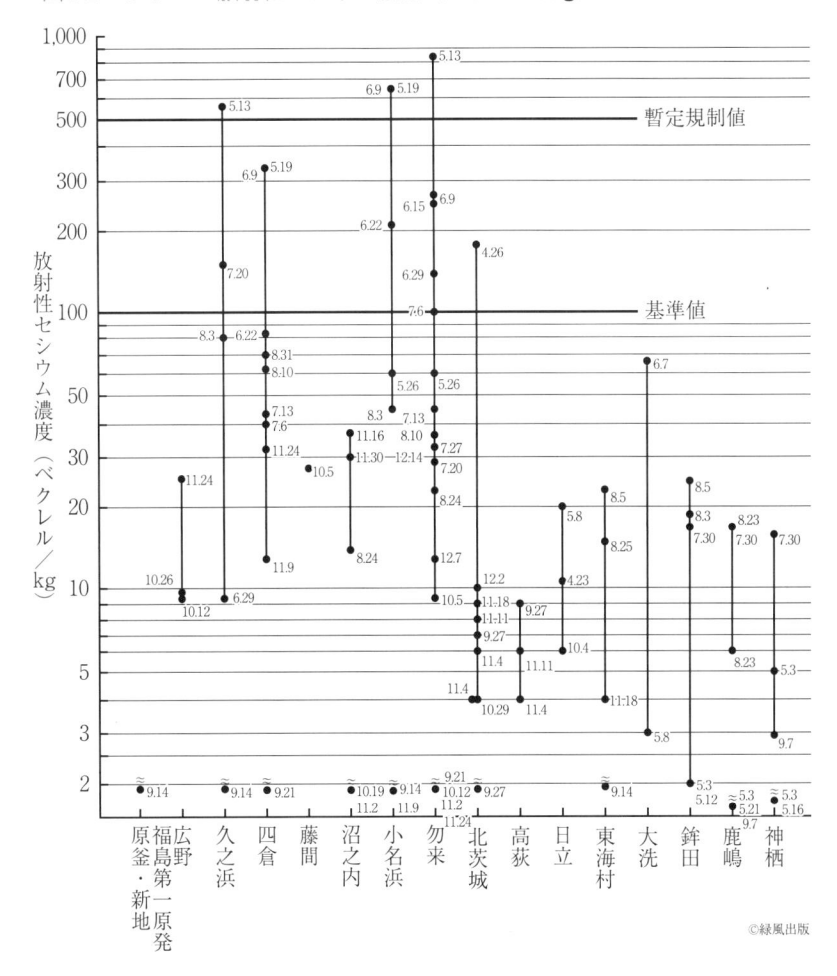

する時期が短期間であり、7月末以降は、汚染水の海水への新たな流入が大幅に減ったことに対応していると推測される。

カタクチイワシ（図6-3）は、4〜5月の福島沖データがないので明確なことは言えないが、4月12日、北茨城沖での170ベクレルが最高で、基準値を越える高濃度は、小名浜、北茨城で見られる。銚子沖では、原発事故から間もない3月25日、3ベクレルが検出され、原発からの距離と経

図6-3　カタクチイワシの放射性セシウム濃度（ベクレル／kg）

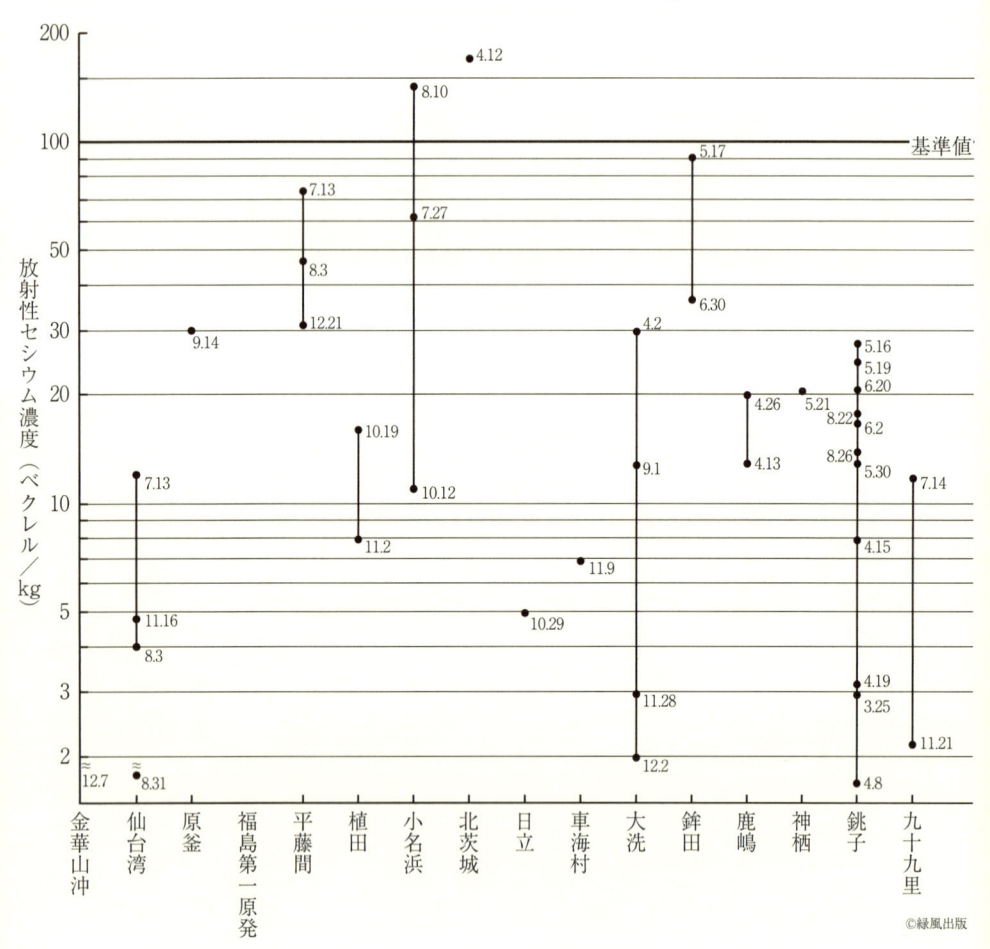

過時間や当時の海況から、海水の移動による汚染というより、大気経由で海洋へ降下した放射能の影響が、この程度の濃度をもたらしたと考える方が妥当であろう。

3-2　中層性魚種（スズキ）

スズキ（図7）は、福島原発から北方へ約30kmの鹿島町（福島県）で、9月14日、セシウムの最高値670ベクレルを記録しており、暫定規制値

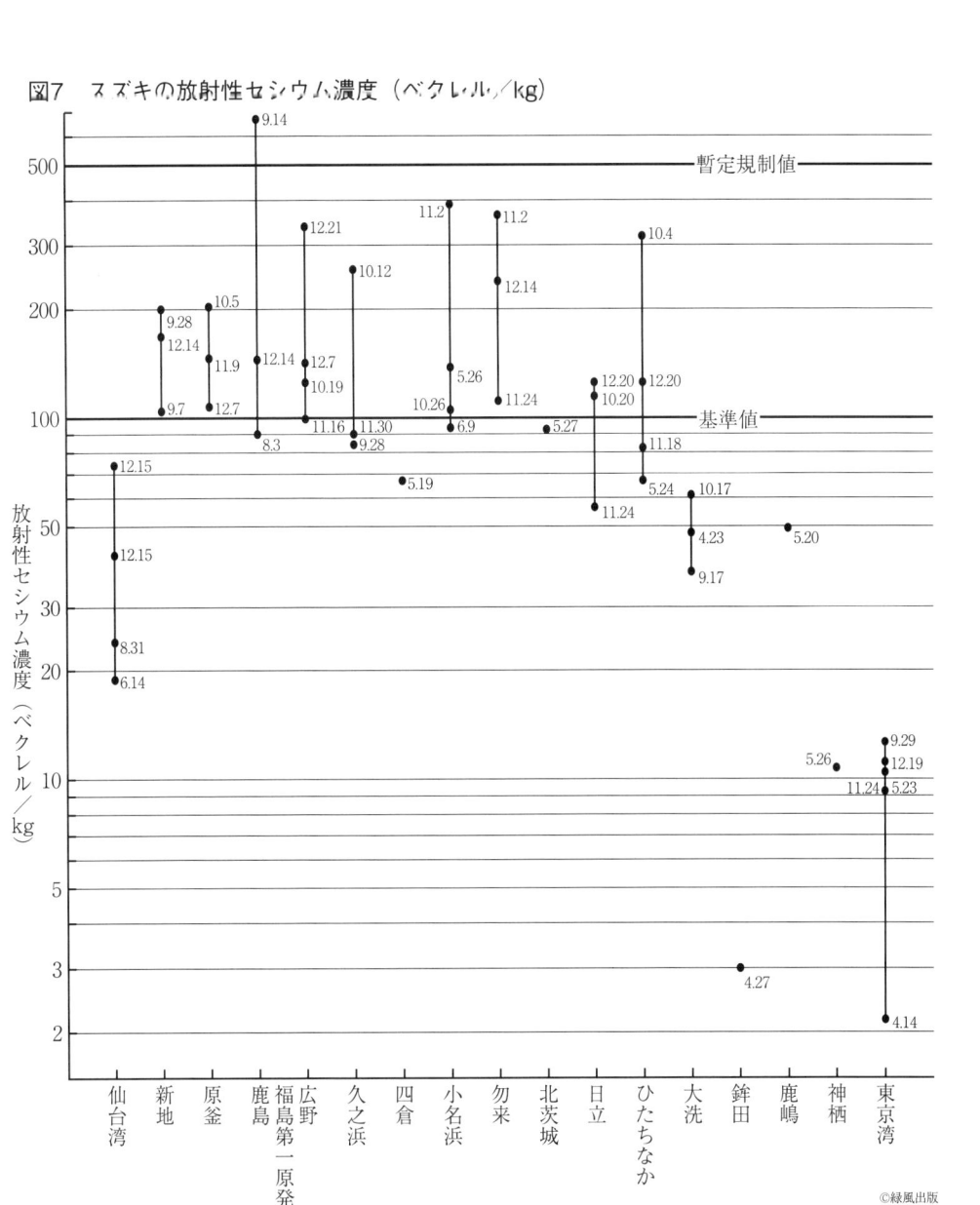

図7 スズキの放射性セシウム濃度(ベクレル/kg)

を超えたのは、この1検体だけである。基準値を超えたのは、新地（原発から北へ50km）～「ひたちなか」までの南北170kmにわたる広い範囲に見られる。イカナゴなどと異なり、北方への広がりに特徴があるが、海水の流れとの関係から見ると、魚自身の遊泳による移動の要素が大きいのかもしれない。個体の寿命は長いことから、中長期にわたる汚染が懸念される。また、東京湾の千葉や横浜沖で、10ベクレルを越えるものが出現しているのは、セシウム濃度や海流などから総合的に判断して、福島方面から移動してきたスズキが東京湾に入りこんだというよりも、柏・取手や奥多摩から河川経由で運ばれた放射能起源と考えるのが妥当であろう。

3-3 底層性魚種（アイナメ、エゾイソアイナメ、コモンカスベ、ヒラメ、マコガレイ , マダラ、シロメバル）

どの魚種も寿命が数年以上はあるので、放出から時間が経過するほどに、高濃度のものが出現し、それが継続する可能性が高い。

アイナメ（図8-1）は、比較的塩分濃度の低い岩礁域に広く生息する底層性魚で、小魚や甲殻類、多毛類（ゴカイ）などを捕食する。産卵期は秋から冬で、晩秋から春にかけての寒い時期が旬である。防波堤や岩場からの釣り魚として親しまれている他、底引き網、刺し網でも捕獲される。

7月20日、久ノ浜でセシウム3000ベクレルの最高値を記録した。広野～小名浜の間、さらに原発から北方へ40kmの原釜でも暫定規制値を超える検体が見られる。5月半ばから12月にかけ、新地（原発から北へ50km）～日立市（原発から南へ100km）の広い範囲で、基準値をオーバーする高濃度が検出され続けている。更に、南へ170kmもある鹿嶋沖（茨城県）でも10月17日に50ベクレルと相当、高い値が見られる。北方の三陸海岸の女川～釜石沖でも5～8ベクレルという値が見られるが、海況からみて海水の移動は考えにくい。大気経由の海面への降下が主要な要因ではないかと推測される。

エゾイソアイナメ（図8-2）は、名前からはアイナメの仲間と誤解されやすいが、タラの仲間で、俗称「ドンコ」である。セシウム濃度は、9月21日、四倉で1770ベクレルの最高値が見られる。暫定規制値を超えるのは、四倉～日立にかけた海域である。基準値を越えるものになると、原釜

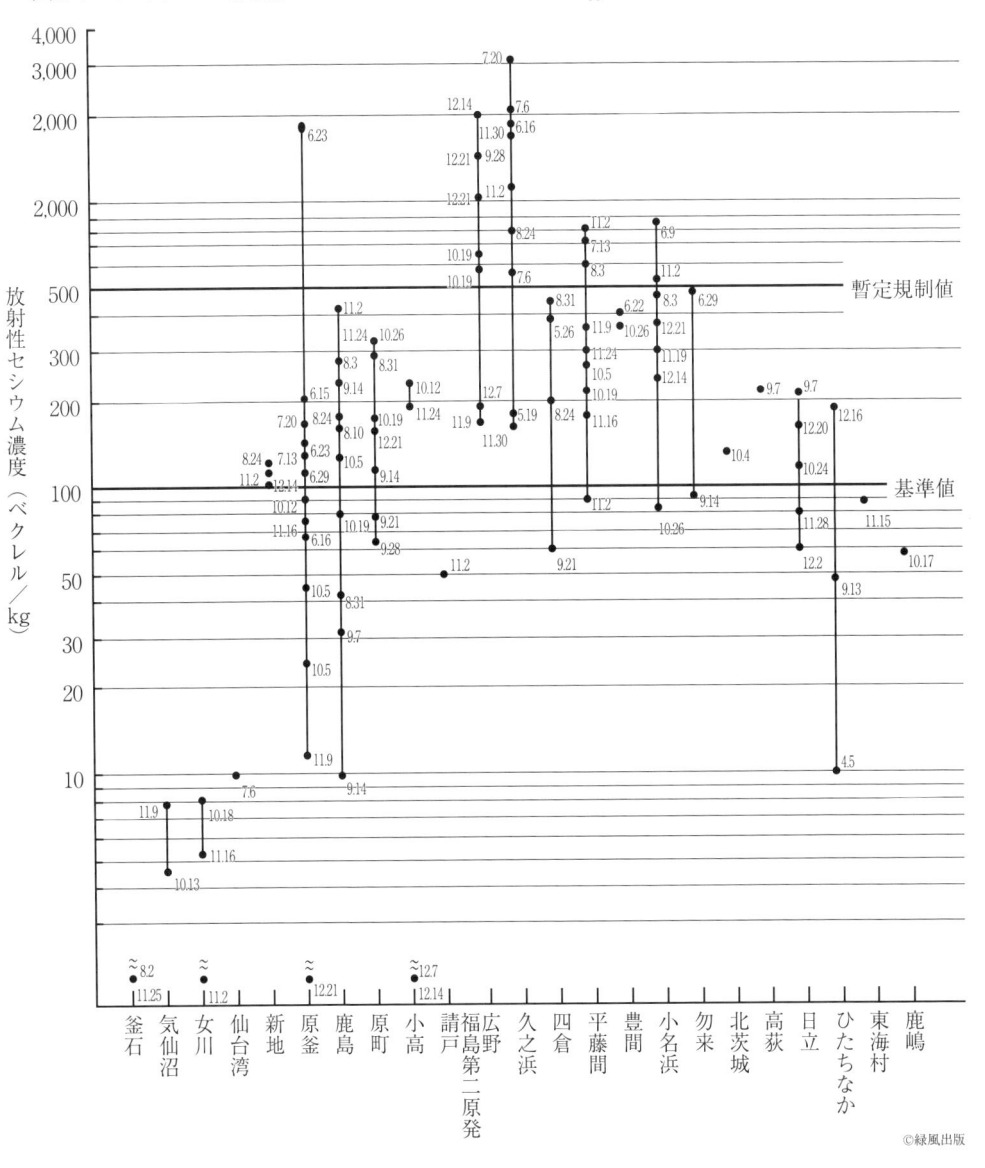

図8-1 アイナメの放射性セシウム濃度（ベクレル／kg）

図8-2 エゾイソアイナメの放射性セシウム濃度（ベクレル／kg）

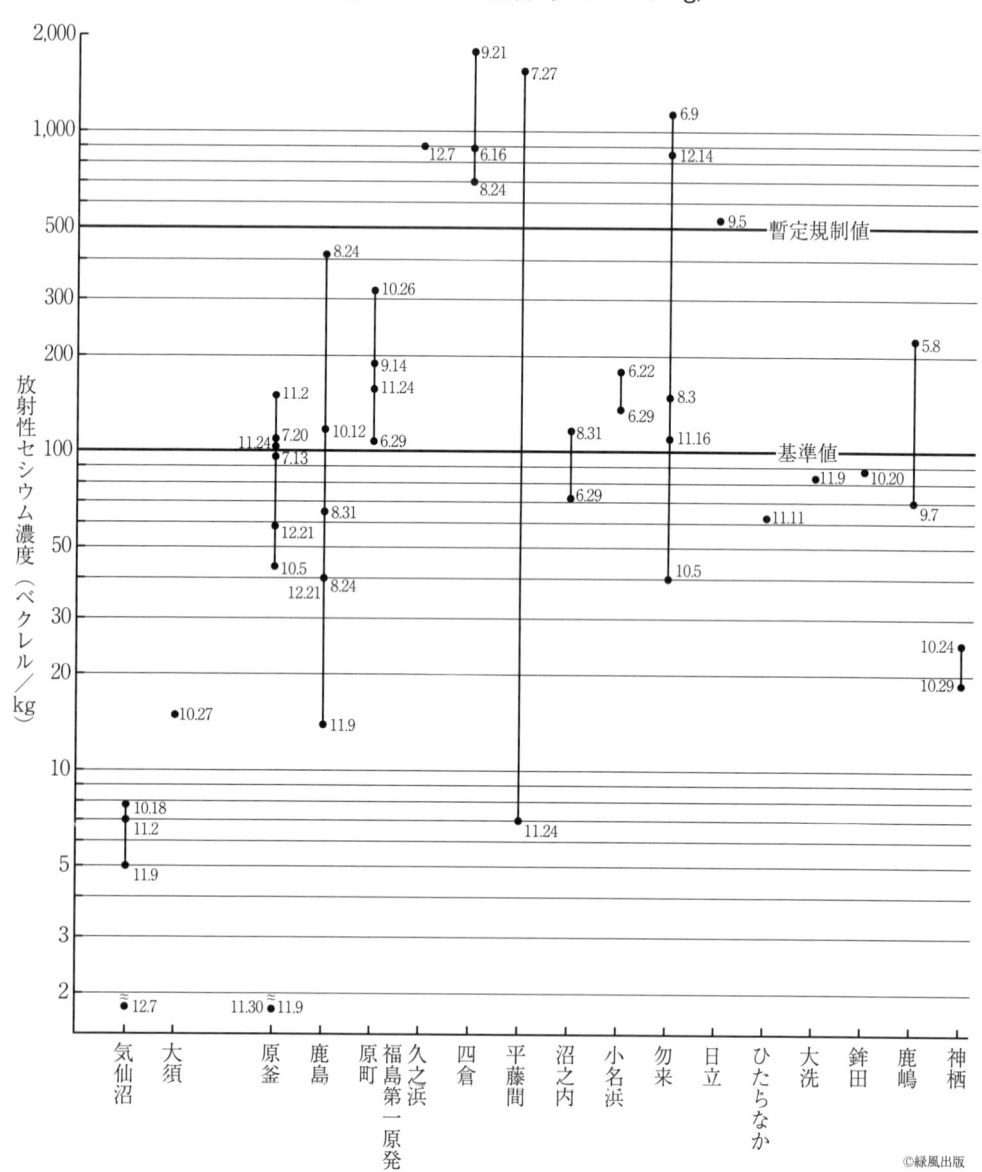

〜日立までに広がり、5月8日には鹿嶋沖（茨城県）でも224ベクレルという高い値が見られる。三陸海岸南部の気仙沼でも10月以降、5〜8ベクレルが検出されている。

エイの仲間のコモンカスベ（図8-3）は、水深30〜100mの砂泥底に生息し、マハゼ、イカナゴ、甲殻類などを餌とする。最高値は、9月21日、久ノ浜で1560ベクレルが観察され、原発から南側の広野〜平藤間（たいらふじま）（いわき市）の間では1000ベクレルを越える高濃度が見られる。広野〜植田（いわき市。原発から南へ60km）の間では暫定規制値を超える検体が見られる。更に、新地〜勿来（なこそ）（いわき市）の南北100kmにわたり、基準値を超える値が継続している。これらの海域では11,12月にも高濃度がみられ、汚染の長期化が懸念される。鹿嶋沖（茨城県）で25〜35ベクレル、女川湾沖では3〜5ベクレルである。

ヒラメ（図8-4）は、沿岸の砂泥地を好み、夜間、行動する。3〜7月の産卵期は水深20mくらいの浅瀬にいるが、冬には相当、深い所に移動する。寿命は数年程度である。最高値は、11月16日、久ノ浜で4500ベクレルという極めて高いものが見られる。原町〜植田（いわき市）の南北100kmにわたる相当広い海域で暫定規制値を超えている。更に新地〜日立までの南北150kmにわたり、基準値を越えるものが多い。鹿嶋（茨城県）でも60ベクレルと相当、高い。仙台湾から三陸沖の海岸では大部分は10ベクレル前後であるが、11月2日、仙台湾90ベクレル、10月13日、気仙沼60ベクレルと高値が出ている。他の大部分の魚種や生物では、牡鹿半島の北側で10ベクレルを越えることはないので、ヒラメに固有の特徴である。福島原発から南の高濃度汚染海域で生息していたものの一部が、遊泳行動により移動したことが考えられる。

マコガレイ（図8-5）は、水深100m以浅の砂泥底に生息し、底生動物を食べる。産卵期は11月から2月である。ヒラメ、アイナメほどの高濃度ではないが、広野から四倉沖で、一部、暫定規制値を超えるものが見られる。その周りの原町〜日立沖の間には基準値を超える領域が広がっている。新地〜鹿島（福島県）でも50〜100ベクレルとかなり高い。仙台湾は4〜6ベクレル、女川湾は2ベクレルと福島沖の高い地域と比べると2桁ほど低い。

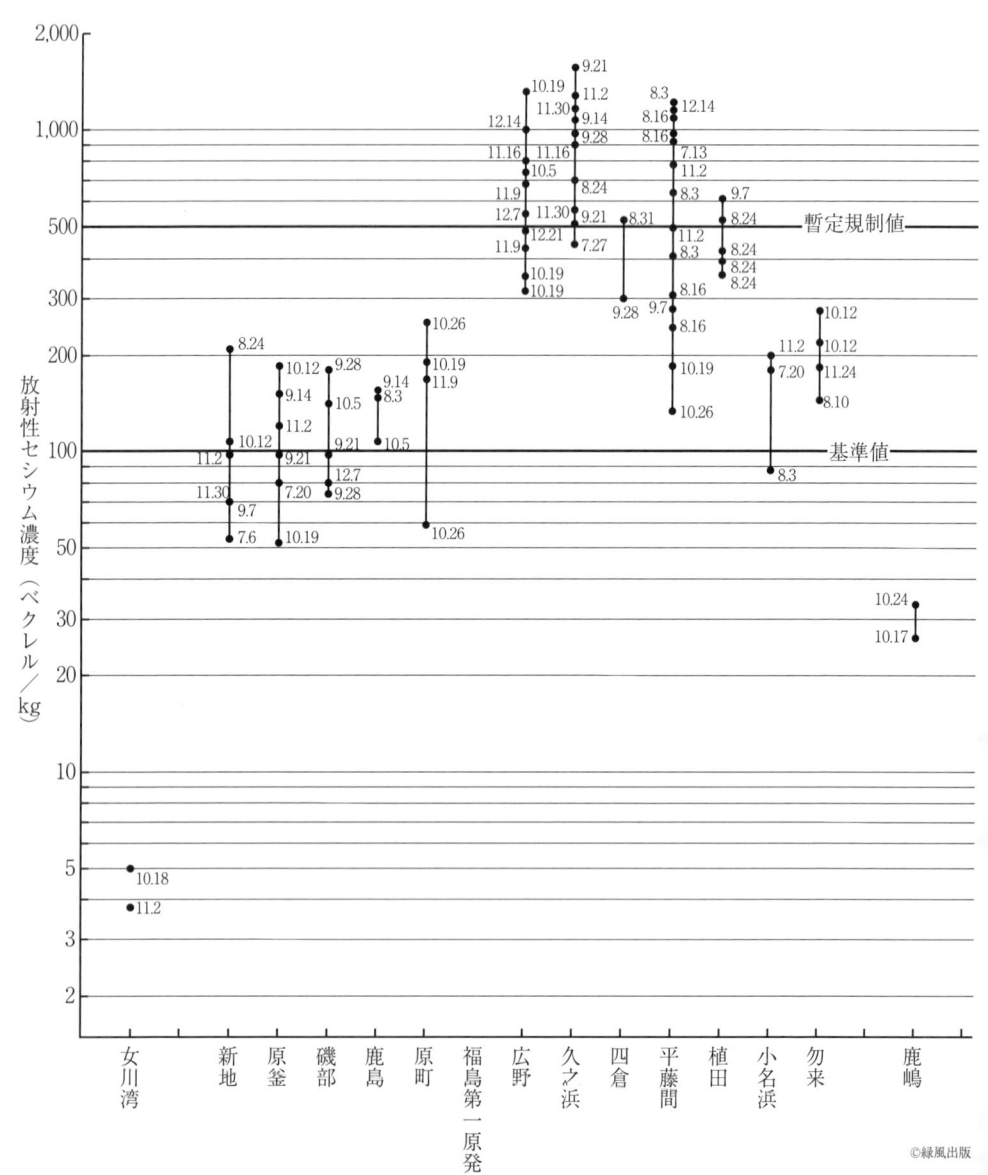

図8-3 コモンカスベの放射性セシウム濃度（ベクレル／kg）

58　第２章　福島原発事故による海洋の放射能汚染

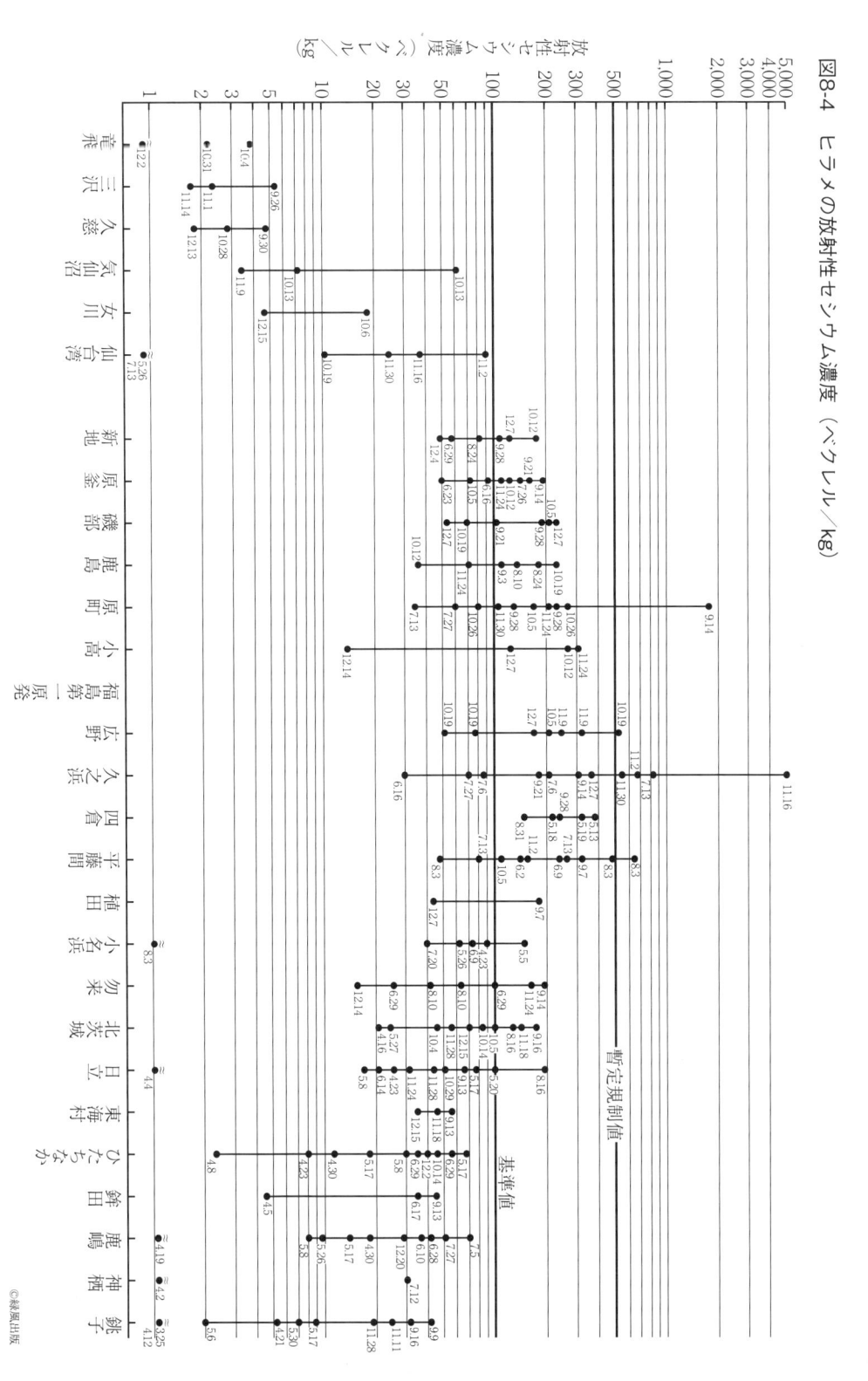

図8-4 ヒラメの放射性セシウム濃度（ベクレル／kg）

図8-5 マコガレイの放射性セシウム濃度（ベクレル/kg）

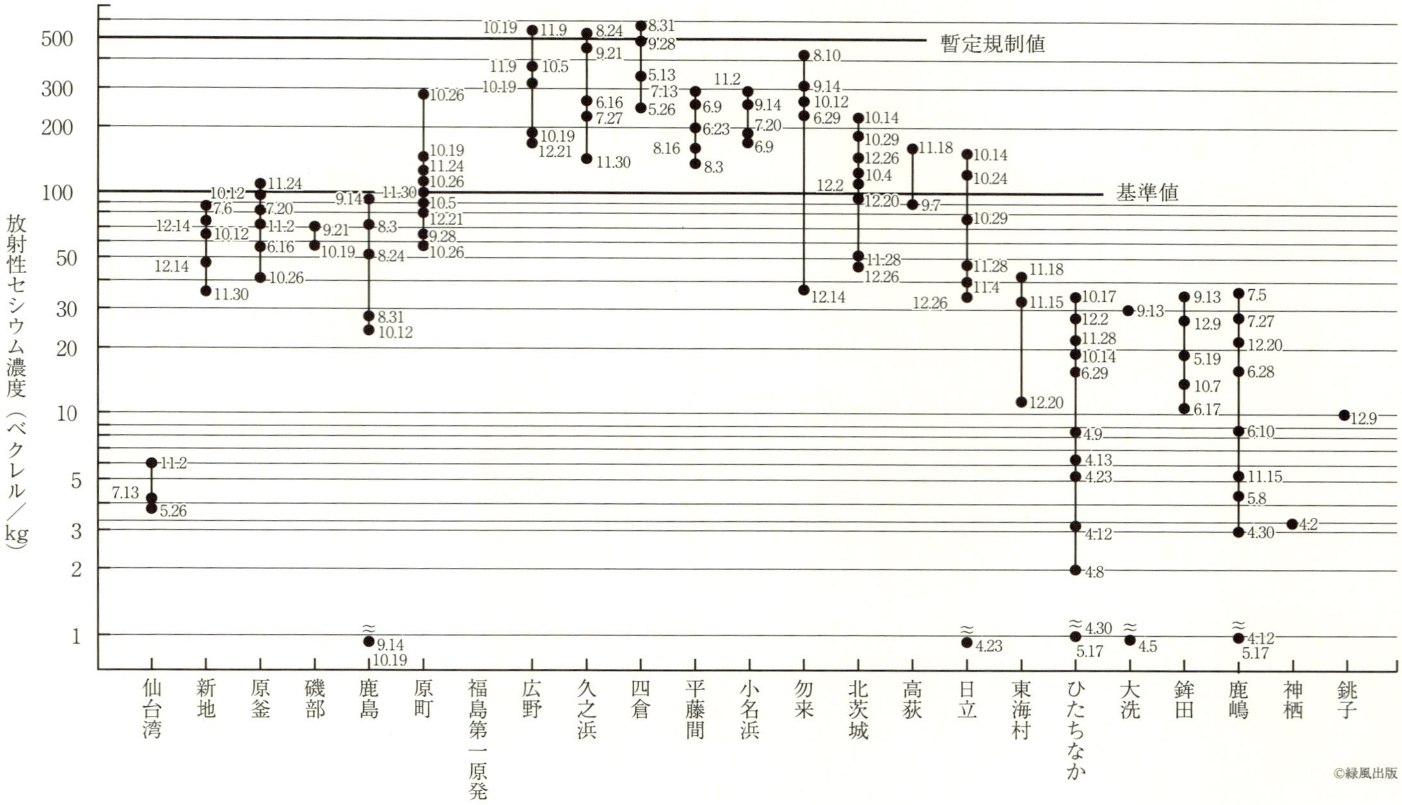

マダラは、北海道周辺を中心に生息し、生息水温が2〜4度と低く、大陸棚や大陸棚斜面の海底付近に生息する。移動範囲は小さいと言われるが、陸奥湾で産卵魚に標識をつけた調査から、春から秋にかけての索餌期には北海道東部の太平洋へ移動し、冬の産卵期に陸奥湾に戻るという知見がある。マダラ（図8-6）の最高値は、江名の300ベクレルで、アイナメなどと比べ極端に高くはないが、原発から南へ福島県沿岸、さらに茨城県北部域に、基準値を超えるものが多い。また北海道南東部から青森県、岩手県沖の広い範囲で40〜90ベクレルとかなり高い値が各地で見られる。魚自身の移動に伴う現象と推測される。

　そのほか、シロメバルは、7月6日、久之浜での3200ベクレルを筆頭に、31検体中、久之浜、広野で2000ベクレルを越えるものが6検体ある。12検体が暫定規制値を、26検体が基準値を上回っている。原発から南の福島沖を中心に、かなり高濃度である。

　以上、底層性魚種は、6月半ば頃より、原発から南へ約50km圏内に最も汚染のひどい海域があり、さらに南北150kmでは基準値を超える検体が数多く見られる。時間の経過とともに汚染が強まり、ヒラメの最高値が11月に出現したように、寿命が長いことからも、汚染の長期化が懸念される。これは、海底堆積物濃度が6月頃から高くなってきたのと符合しているように見える。底生魚にとっては、そのころから放射能が生活域に入り込んできた可能性が高い。

　また、鹿嶋など原発から170kmも離れた茨城県南部、北方の仙台湾や気仙沼などの三陸沖でも50ベクレルといった値が見られ、第3次影響域とでもいうべき構図も見えている。ただし、これは、大部分の魚種では見られず、マダラやヒラメといった特定の魚種に見られることから、海水の移動というより、魚自身の遊泳の要素が影響していると考えられる。

3-4　回遊魚（マサバ、スケトウダラ、サンマ、カツオ、マグロ、シロザケ）

　回遊魚の生活史と放射能の関連については、次節で詳しく述べるが、ここでは、個々の魚種に関するセシウム濃度の状況を見ておく。

　回遊魚で、最も濃度が高いのはマサバである。マサバ（図9-1）は、他の魚種と異なり北方の原釜で53〜186ベクレルと高濃度である。北茨城、

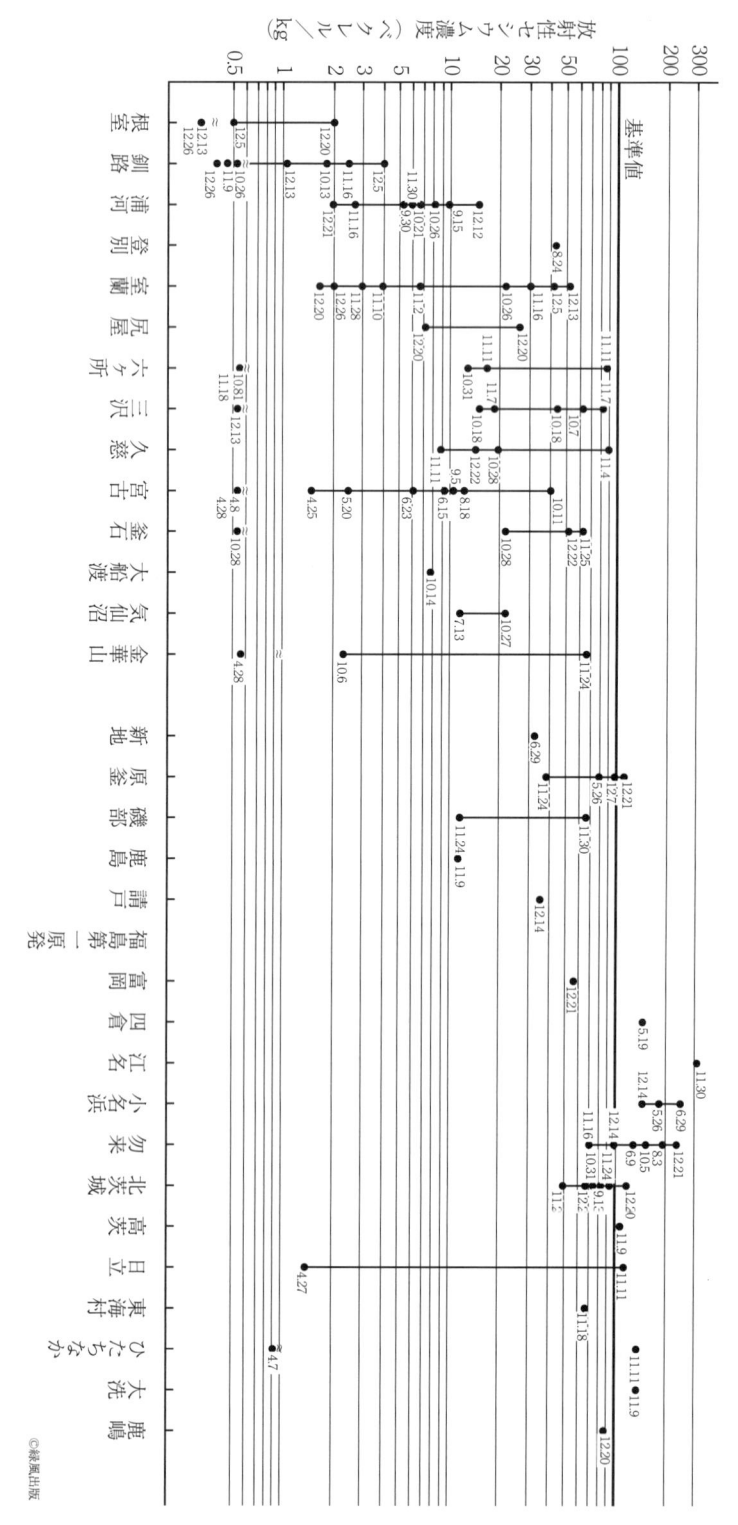

図8-6 マダラの放射性セシウム濃度（ベクレル／kg）

図9-1 マサバの放射性セシウム濃度（ベクレル／kg）

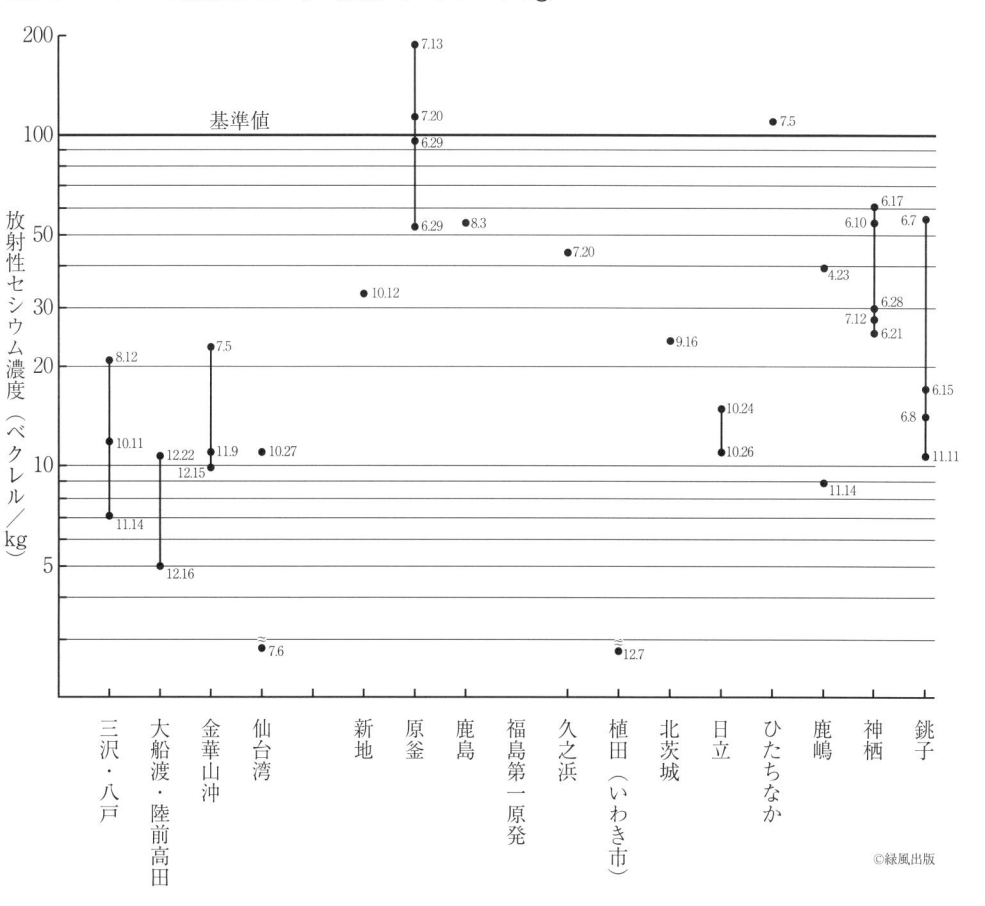

ひたちなか市、更に茨城県南部の神栖沖でも 28〜64 ベクレルとかなり高い。あわせて三陸沖でも不検出が少ない。福島沖に高濃度の領域はあるが、南北の広範な領域にわたって汚染が広がっているのが特徴である。

スケトウダラ（図9-2）は、基準値を越えることはないが、マサバのように広い範囲で中程度の濃度がみられる。福島原発に近い楢葉で 97 ベクレルの最高値がでている。三沢沖から釜石沖などの北方では、大部分は 1〜3 ベクレル程度のものであるが、15〜30 ベクレルというやや高い値も散見される。

図9-2 スケトウダラの放射性セシウム濃度（ベクレル／kg）

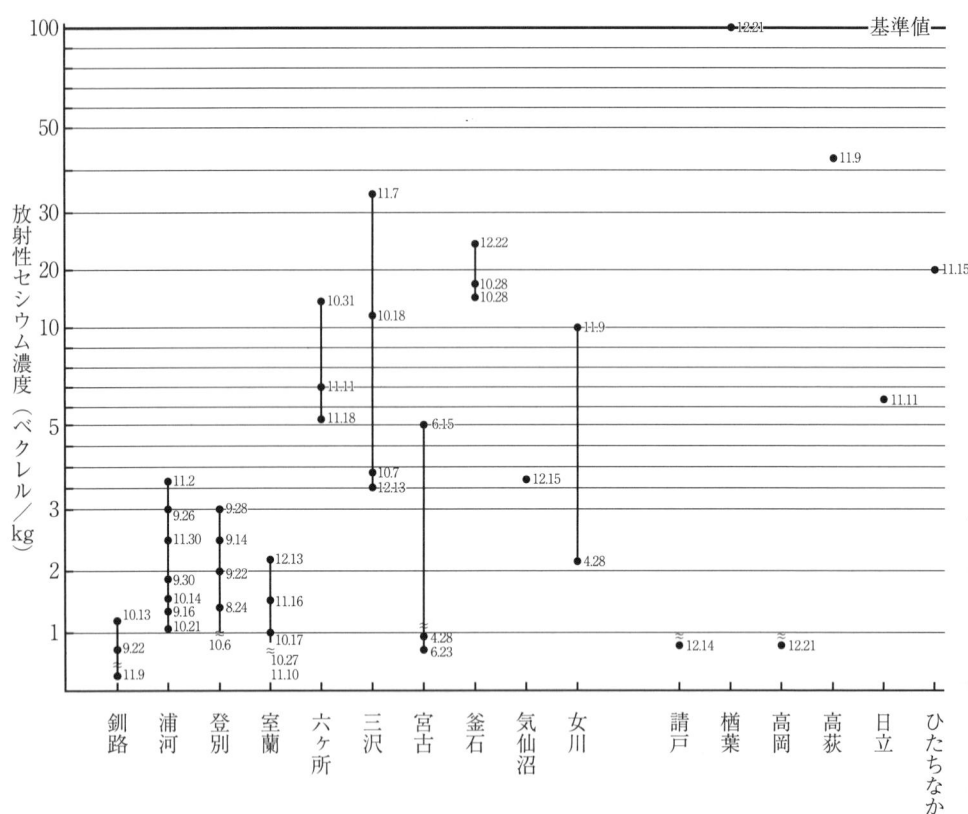

©緑風出版

サンマ（図9-3）は、7月から11月にかけての福島沖から北海道東部沖の計82検体中、69検体が検出限界未満である。13検体からセシウムが検出されたが、7〜8月の早い時期に北海道南東部の沖合のものが多く、大部分は0.5〜4ベクレルである。6ベクレル、12ベクレルの検体が各1例、確認されている。

カツオは、北海道から房総沖まで広い範囲で調査された。濃度は高いとは言えないが、かなりの検体で2〜33ベクレルの範囲で検出された。

マグロ類では、小名浜から東海村にかけた領域で獲れたメジマグロが15〜41ベクレルで最も高い。ビンナガは、宮城県沖や房総沖で取れた22

図9-3 サンマの放射性セシウム濃度（ベクレル/kg）

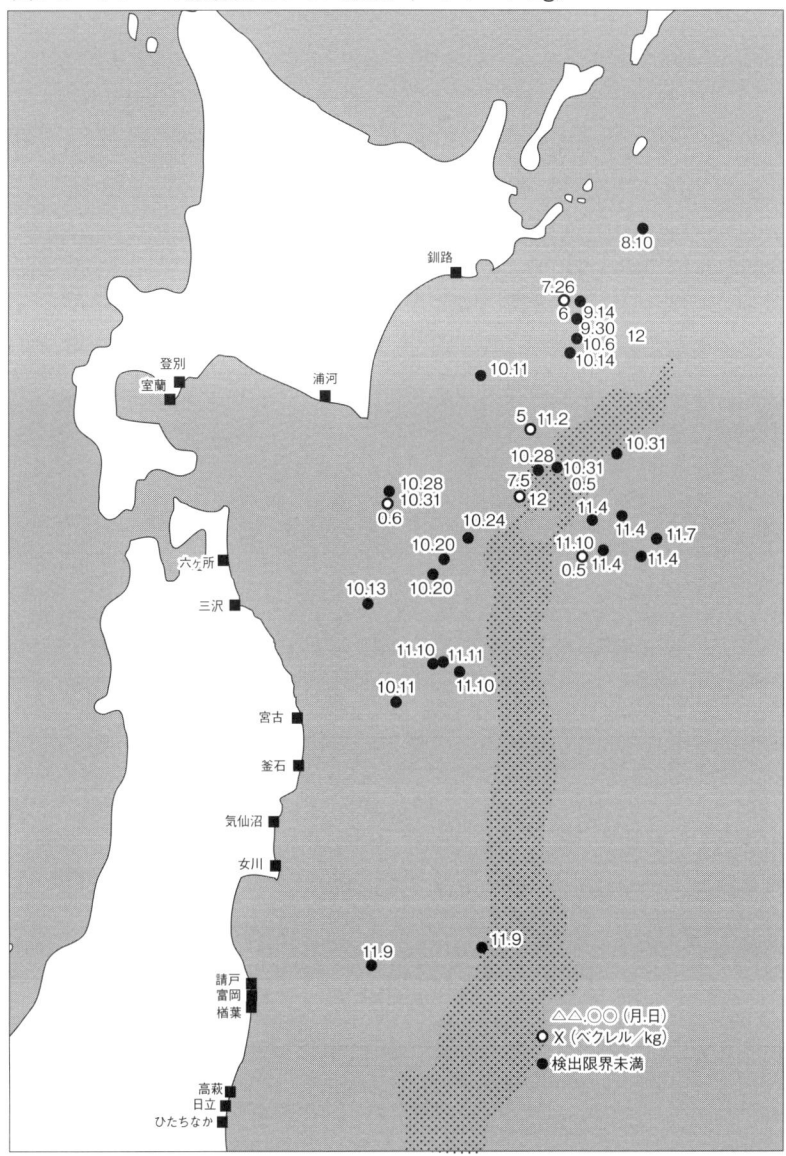

65

検体中8例が不検出で、検出された中でも最高値は10ベクレルで、平均4.3ベクレルであった。メバチマグロは、11検体中で最高値が9.9ベクレル、平均4.2ベクレルである。メジマグロを除いては、比較的、低濃度である。

シロザケは、4月から11月までで、69検体中の65検体は検出限界未満である。検出されたのは、4月19日から6月24日までの4検体で、0.5〜7.4ベクレルの範囲にある。

回遊性の魚種については、マサバ、スケトウダラの順に濃度が高く、陸岸、特に福島沖に近い所で生息したり、移動する魚種ほど濃度が高い。その他の魚種では、それほど高濃度ではないが、検出されないものと、10ベクレル前後が検出されるものとが見られる。全体としては放出量が多かった期間が3月から4月上旬までに限定されるせいか、高濃度が見つかる事態には至っていない魚種が多い。サンマなどでは、高濃度水が潮境に到達する前に、幼魚は黒潮続流により東方へと移動していたものが多かったとみられる。

3-5 無脊椎動物（ホッキガイ、キタムラサキウニ、ホヤ、マガキ、タコ類）

海岸動物も、福島県の海岸沿いを中心に汚染が顕著である。

福島県浜通りで漁業として盛んなホッキガイ（図10-1）は、水深5〜10mの砂泥質の海底におり、植物プランクトンを食べ、漁業の対象は2〜4年ものが多い。幼生時代の浮遊生活の後、着定した場所から大きく移動することはない。最高値は、6月2日、四倉で940ベクレルという値が出るが、暫定規制値を超えるのは、原発から南へ30〜50kmの四倉〜沼の内で、北方の原釜、新地では、南側よりは、かなり低く40〜50ベクレルが見られる。四倉でのデータから、時間の経過とともに濃度は下がっていく傾向がわかる。貝類は生物学的半減期が短いということかも知れない。鹿嶋（茨城県）で5〜20ベクレルである。苫小牧では5検体とも検出されていない。

キタムラサキウニ（図10-2）は、12月14日、四倉で最高値1660ベクレルを記録する。暫定規制値を超えるのは久之浜から江名にかけてであるが、久之浜から北茨城までの領域で、すべてのデータが基準値100ベクレルを超えている。原釜、及び日立から大洗間で40ベクレル前後の値が見

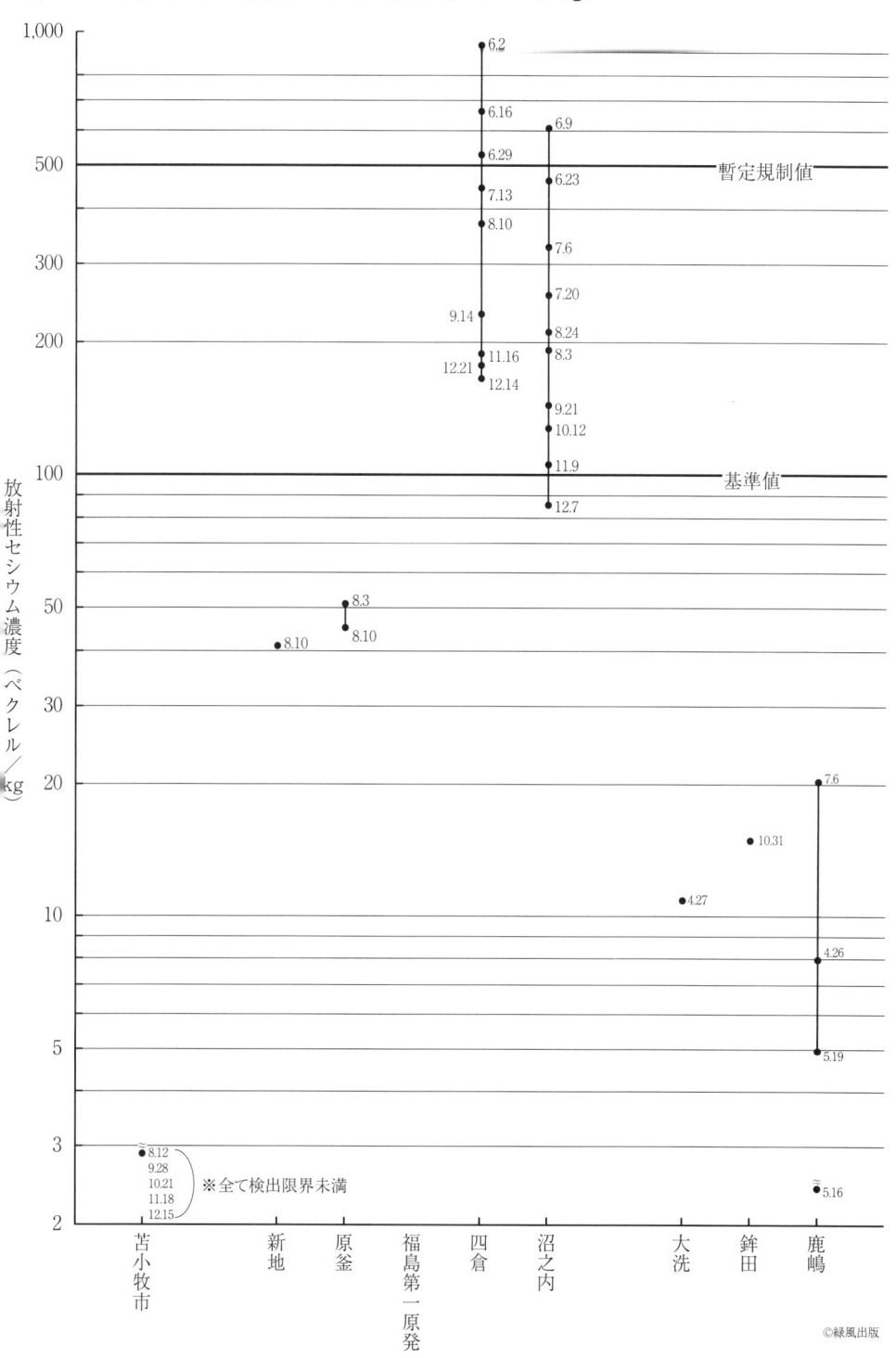

図10-1 ホッキガイの放射性セシウム濃度（ベクレル／kg）

図10-2　キタムラサキウニの放射性セシウム濃度（ベクレル／kg）

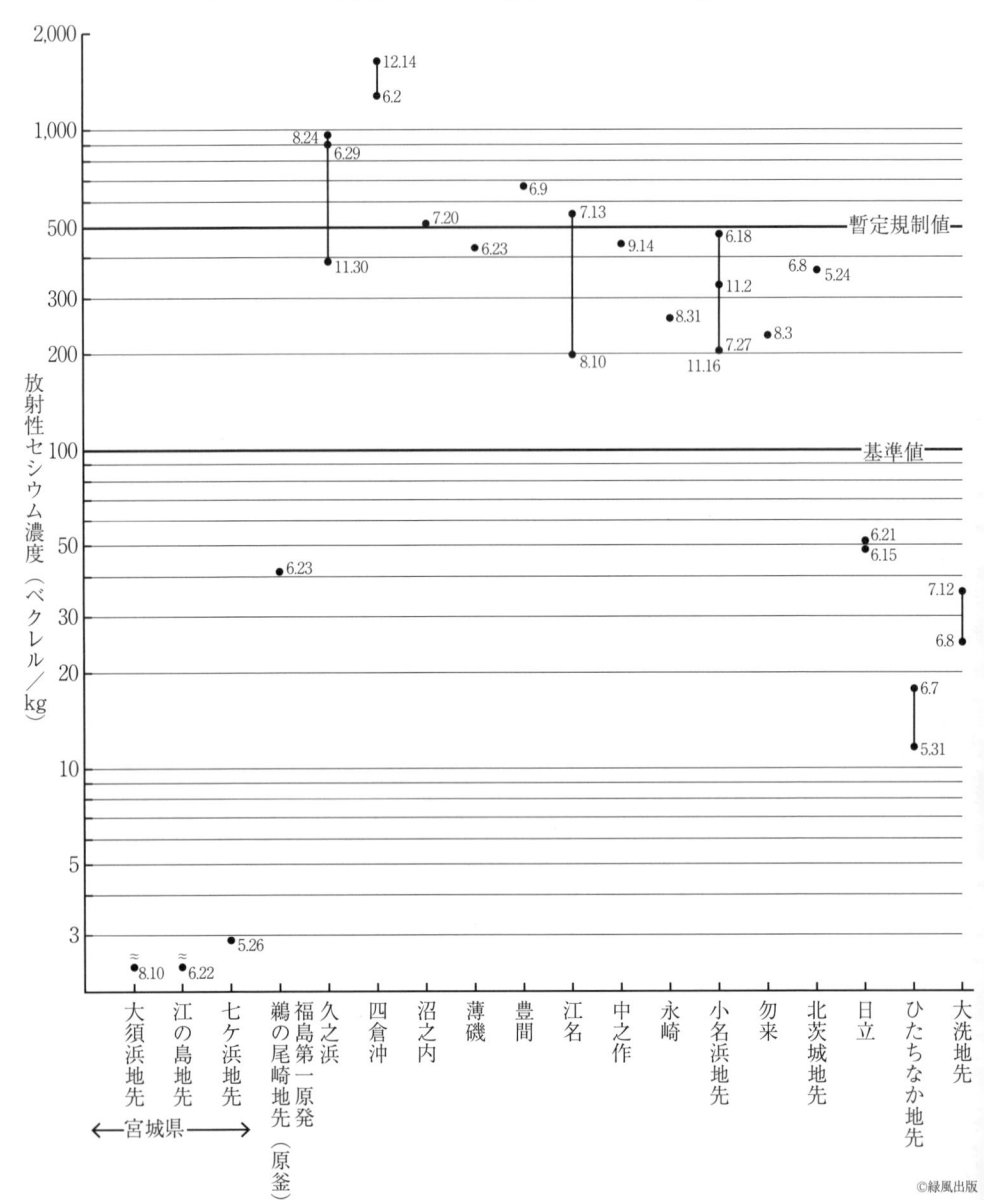

68　第2章　福島原発事故による海洋の放射能汚染

られる。仙台湾に面する七ヶ浜海岸で3ベクレルある。牡鹿半島より北側の江の島や大須海岸では検出限界未満である。

その他の海岸近くにいる無脊椎動物（図10-3）で暫定規制値を超えるのは、5月19日、久之浜のムラサキイガイのみである。しかし原釜～小名浜の間で、アワビ、ムラサキイガイが基準値を超えている。イワガキは勿来～大洗間で40～60ベクレルという値が見られるが、基準を超えるものはない。ホヤは、新地、雄勝（宮城県）ともに検出されない。海水を取り込み、植物プランクトンなどを食べている種は、比較的、濃度が低い。北方では、石巻湾でアワビ、マガキが4ベクレル検出されているが、松島湾を含め、アワビ、マガキ、ホタテガイ、ホヤでは検出されていない。

無脊椎動物についても、原発から南へ50kmの範囲に高濃度域があり、さらに南北100km強の範囲で、それに次ぐ高い濃度が見られるが、多くは基準値より低い。さらに江ノ島、女川や気仙沼と言った牡鹿半島の北側では、ほとんど検出されない。これは、福島沖には、事故から当分の間、親潮系の海水が張り出し、南下流が支配的であったためで、直接的に高濃度水が牡鹿半島を経て北に移動することはなかったものと推測される。ただし、原町から仙台湾にかけての海岸沿いでは、アサリ、ウニなどに茨城県南部と同レベルの濃度が出ていることには注意を要する。

気になるのは、微量であるが、銚子沖、場合によっては東京湾のアサリから3月下旬の時点でヨウ素やセシウムが検出されていることである。これらは、大気経由で、海洋に降下したものに起因するとしか考えられない。いくら早くても、水の移動では1カ月に100kmくらいがせいぜいである。また当時の海流や水塊構造が、黒潮続流が犬吠埼から東に延びていることから見ても、汚染された海水が銚子をこえて南に行くことは考えにくい。

タコ類は、沿岸の底層で暮らすため、汚染が懸念されるが、ミズダコ（図11）の最高値としては、5月13日、四倉で360ベクレルが確認されている。5～7月にかけて、原発から南へ行った第1次的な高濃度域において15～50ベクレル程度の値である。仙台湾を含め北方の宮城県、岩手県沖では17検体全てが検出限界未満である。福島県浜通りでも、9月以降、多くが検出されなくなり、10月末からは、全て検出限界未満となってい

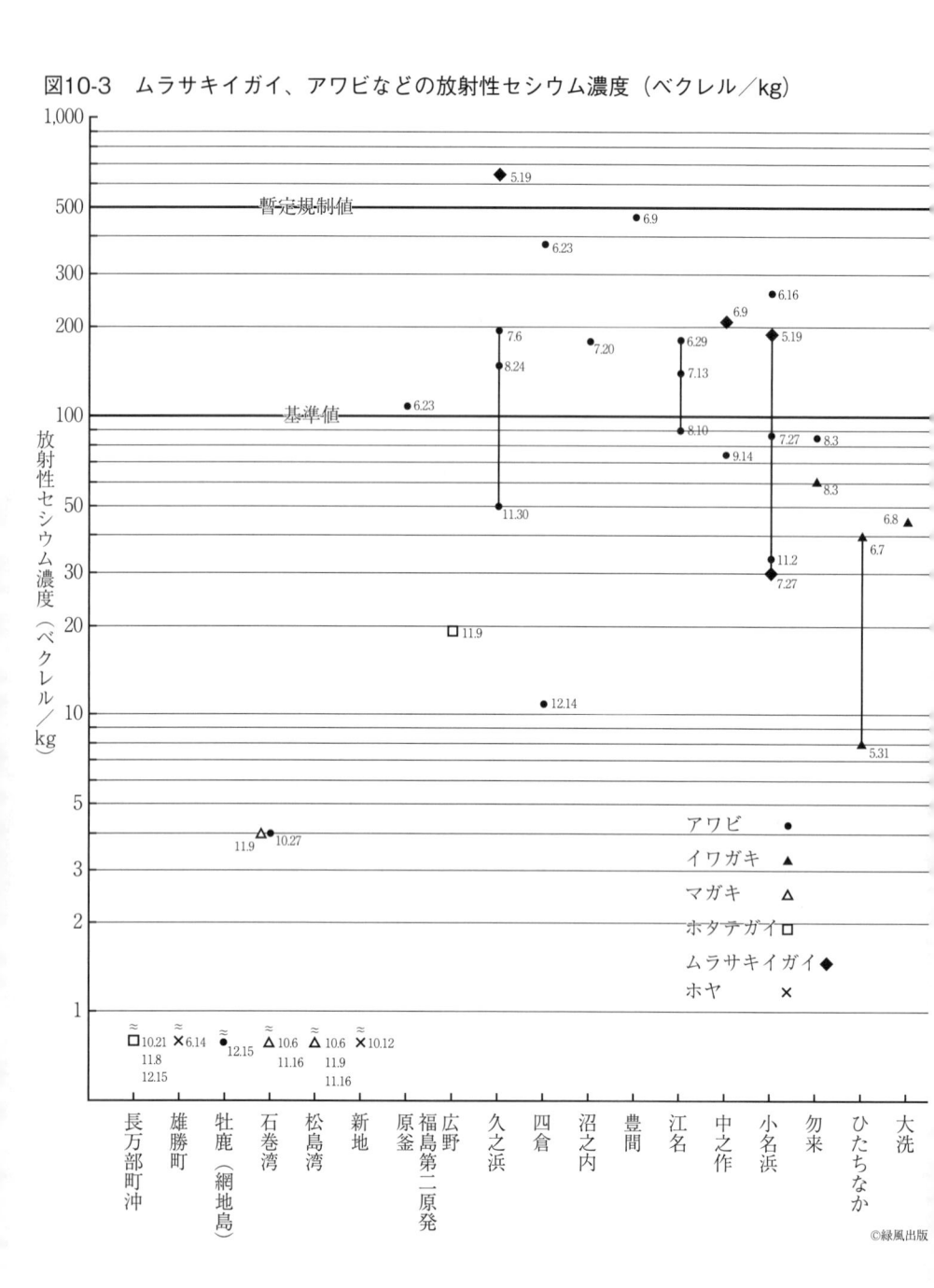

図10-3　ムラサキイガイ、アワビなどの放射性セシウム濃度（ベクレル／kg）

70　第2章　福島原発事故による海洋の放射能汚染

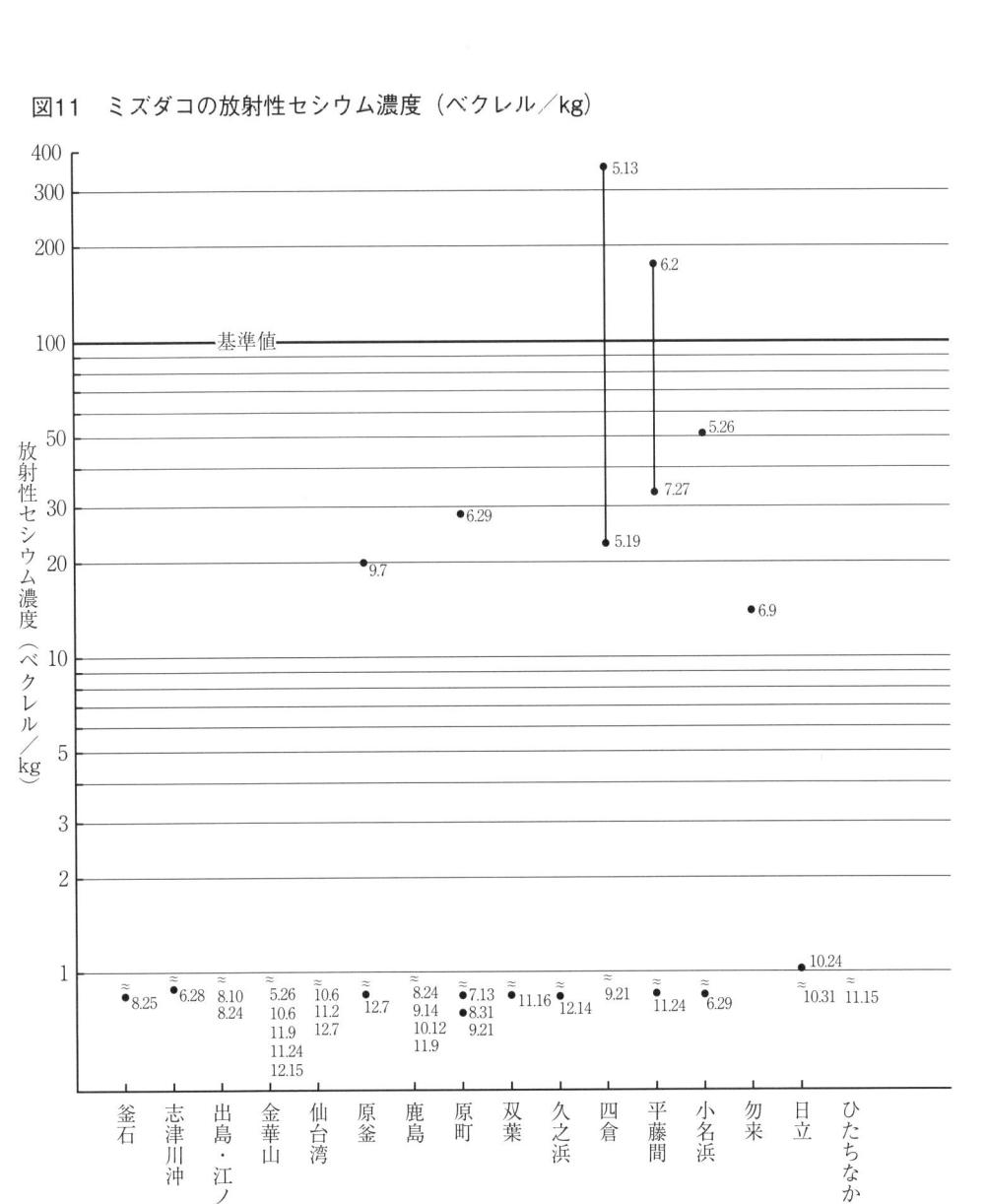

図11 ミズダコの放射性セシウム濃度（ベクレル／kg）

©緑風出版

る。浜通りの南部分では、今も多くの魚種が高濃度のままの中で、タコに関しては、ヤナギダコも含めてほぼ検出されなくなっている。

3-6　淡水魚

最後に、海洋生物と直接的な関係はないが、淡水魚についても参考に見ておきたい。

アユは、サケ目・アユ科に分類される川と海を回遊する魚である。春から秋は川に定着するが、川底の石の表面のこけを摂餌し、急激に成長し、自分の餌場を占有するための「なわばり」を作る。10月になると成熟し始め、産卵のために次第に下流へと降下する。下流部に集まったアユは小砂利底の瀬で産卵を行なう。アユの稚魚は10月から5月まで延べ8カ月間も海にいることになる。原発事故があった頃、アユは、海から川に遡上する時期であったと考えられる。ただし、日本では、多くの河川でダムや堰により生活史が断絶されている可能性もある。

水産庁のアユのデータは5～9月に集中している。最高値は、上流が飯舘村や浪江町など避難地域に当たる新田川で6月23日に確認された4400ベクレルである（図12-1）。近くの真野川でも、同日、3300ベクレルという値が出ている。次に高いのが、阿武隈川水系の中で伊達市や福島市で、暫定規制値を超えるものが多い。いわき市の、鮫川、夏井川でも5月に暫定規制値を超えるデータが見られるが、徐々に低下し、鮫川では8月には検出されなくなる。栃木県、群馬県、茨城県、東京都の主要河川である那珂川、鬼怒川、渡良瀬川、多摩川でも基準値を越えるデータが見られる。

サクラマスの中で海に行かずに一生を河川で過ごすものをヤマメというが、川の上流などの冷水域に生息している。秋期に河川上流域の主に本流の砂礫質の河底に産卵する。そのため、10月から4月頃までは禁漁期間となる。ヤマメの最高値は、真野川上流の飯舘村で、6月16日、2100ベクレルが確認された（図12-2）。阿武隈川水系では、アユと同様に伊達市、福島市をはじめ、上流域の白河市でも暫定規制値を上回っている。下流域の宮城県側の白石も含め、すべての地点で基準値を超えている。日本海側に流下する阿賀川水系でも、多くの地点で基準値を超えている。

東京ではハヤと呼ばれるウグイ（図12-3）は、6月16日、南相馬市の真

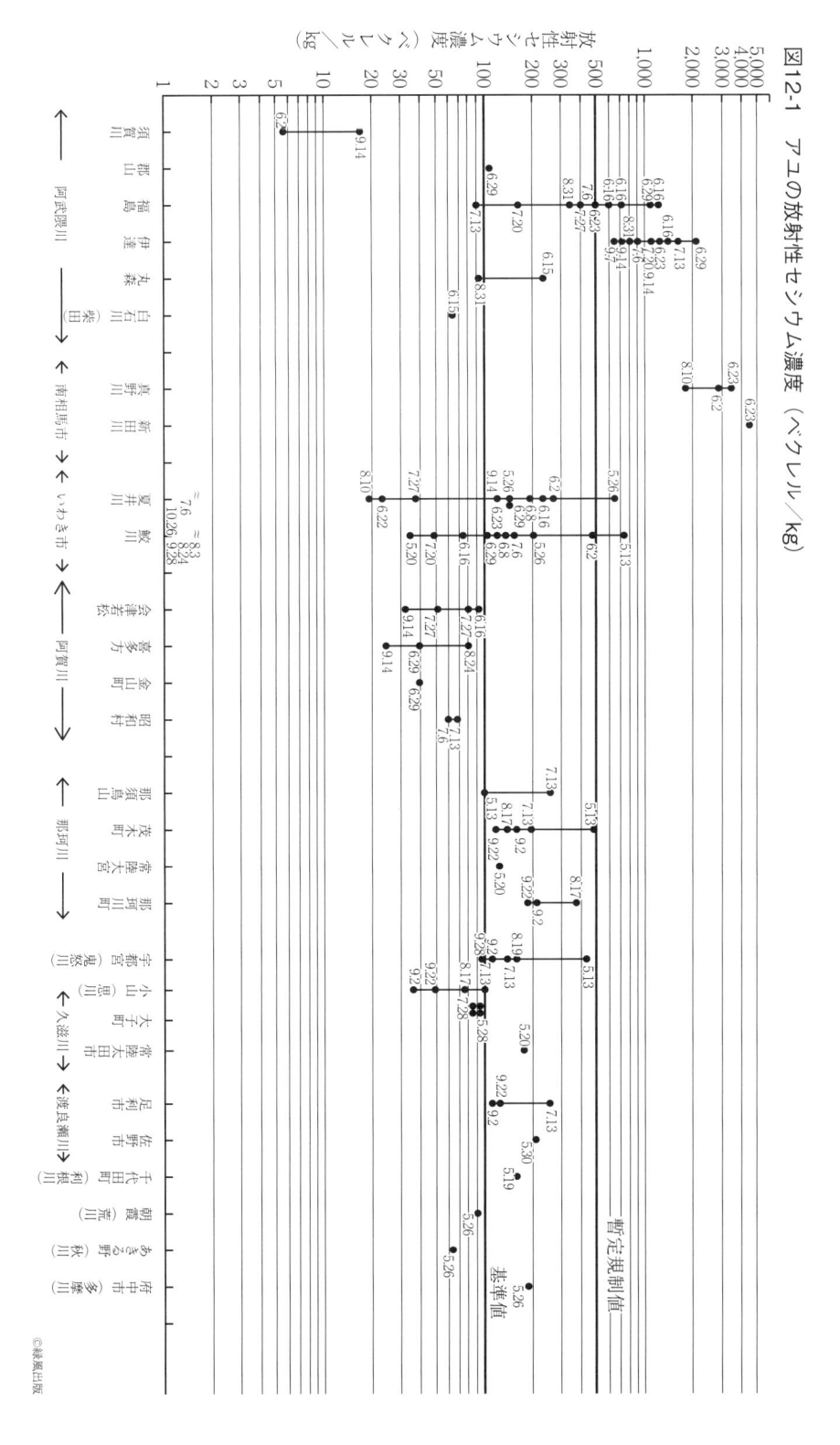

図12-1 アユの放射性セシウム濃度（ベクレル／kg）

図12-2　ヤマメの放射性セシウム濃度（ベクレル／kg）

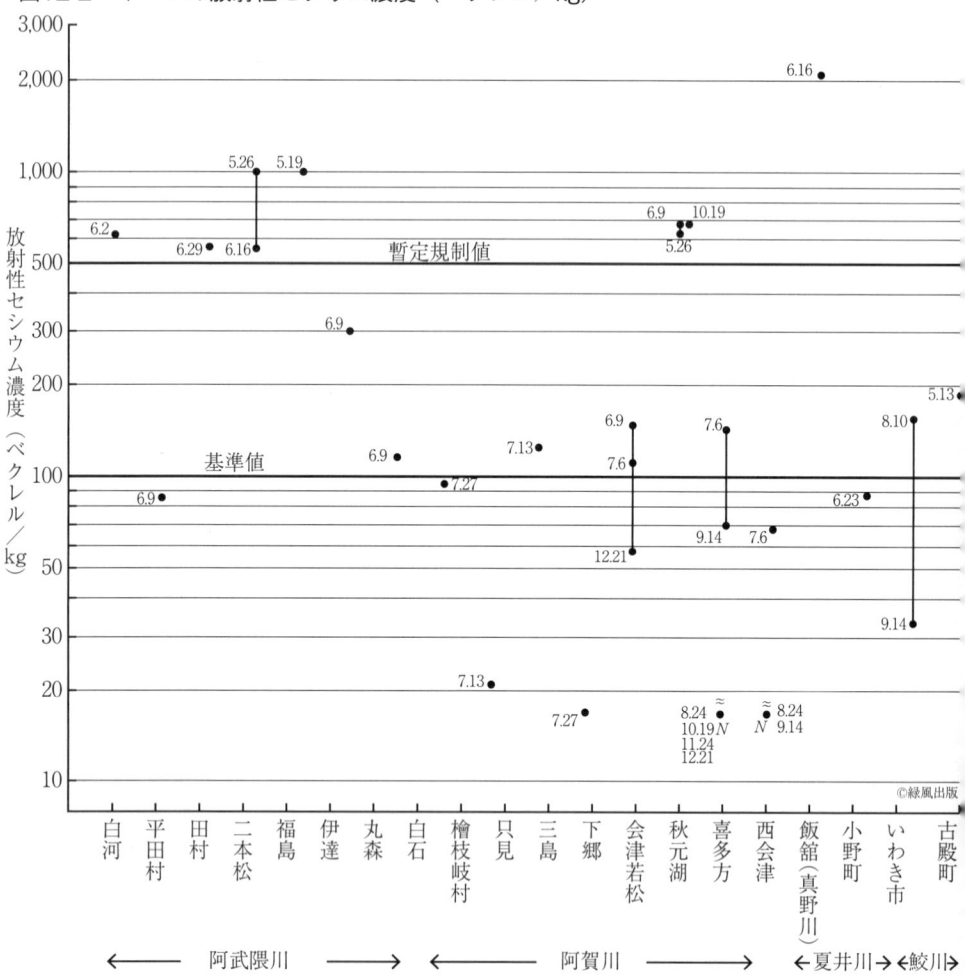

野川で、2500ベクレルの最高値が見られ、阿武隈川水系の福島市、及び赤城大沼で暫定規制値を超えている。阿武隈川、阿賀川水系などでも基準値をオーバーする地点が多数存在する。

イワナ（図12-4）も河川の最上流の冷水域に生息し、肉食性で動物プランクトン、水棲昆虫などを食べる。10〜1月頃が産卵期で、寿命は6年程度といわれる。11月29日、赤城大沼での692ベクレルが最高値で、次いで6月16日、福島市の阿武隈川で暫定規制値を超える590ベクレルが

74　第2章　福島原発事故による海洋の放射能汚染

図12-3　ウグイの放射性セシウム濃度（ベクレル／kg）

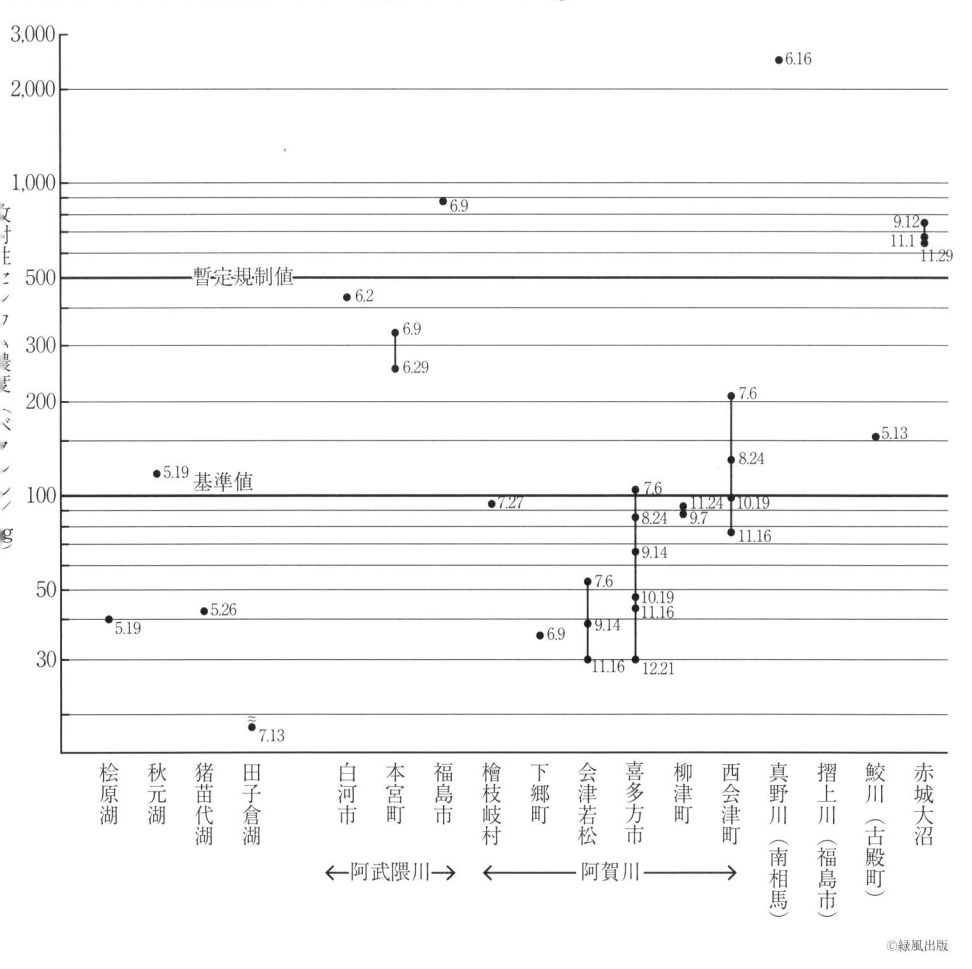

確認された。その他、桧原湖（北塩原村）、秋元湖、阿武隈川、阿賀川などの多数の地点で基準値をオーバーしている。阿賀川の最も上流部の桧枝岐村でも基準値を超えている。標高の高い山岳地帯を中心に放射能汚染された結果であろう。

　ワカサギ（図12-5）は、主に湖に生息する。肉食性でケンミジンコやヨコエビ、魚卵や稚魚などの動物プランクトンを捕食する。産卵期は冬から春にかけてで、この時期になると大群をなして河川を遡り、水草や枯れ木

図12-4　イワナの放射性セシウム濃度（ベクレル／kg）

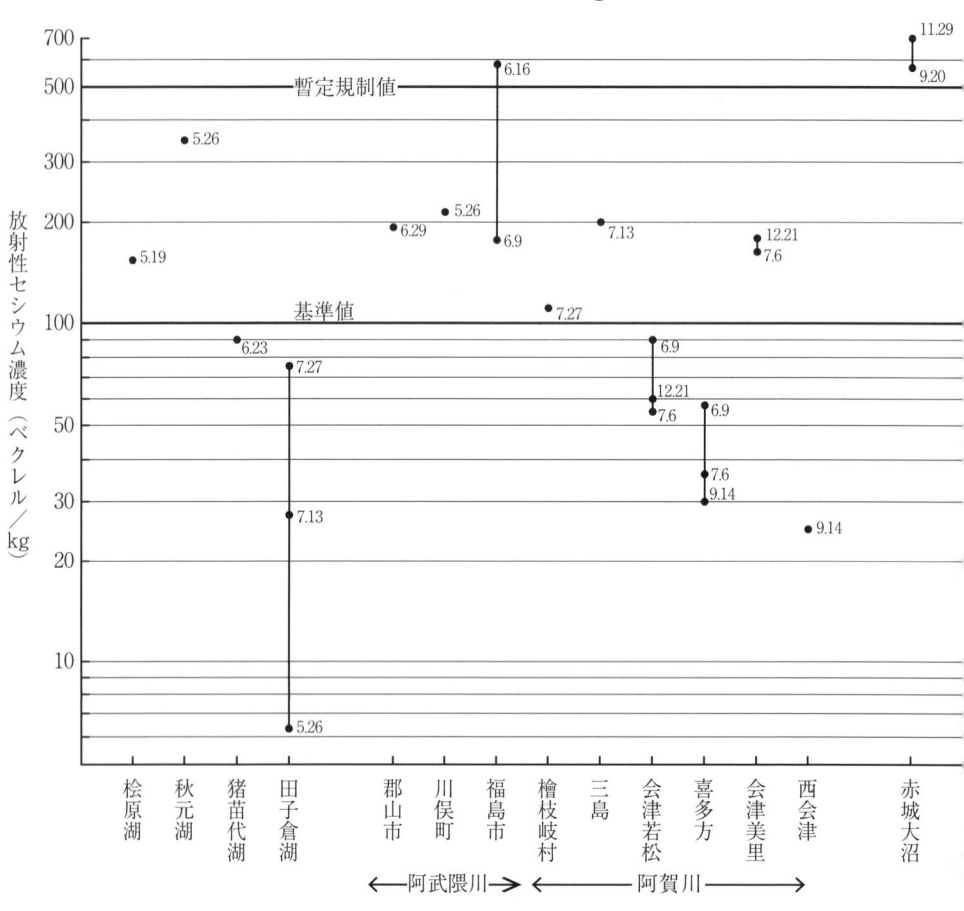

などに付着性の卵を産みつける。寿命は1年で、産卵が終わった親魚は死んでしまう。5月13日、桧原湖で870ベクレルの最高値が検出され、12月まで高濃度が保持されている。次いで高いのは群馬県の赤城大沼で暫定規制値を超えている。秋元湖、中禅寺湖（栃木県）も基準値をオーバーしている。また、200km以上も離れた霞ヶ浦、野尻湖でも70〜100ベクレルと相当高い値が見られる。

　このように淡水魚は、広範囲にわたり高濃度であることに注意を要する。アユ、ヤマメ、ウグイでは、特に福島県の新田川、真野川という上流が避難区域に当たり、南相馬市に流れる小河川が最も高く、アユは4000

図12-5 ワカサギの放射性セシウム濃度（ベクレル／kg）

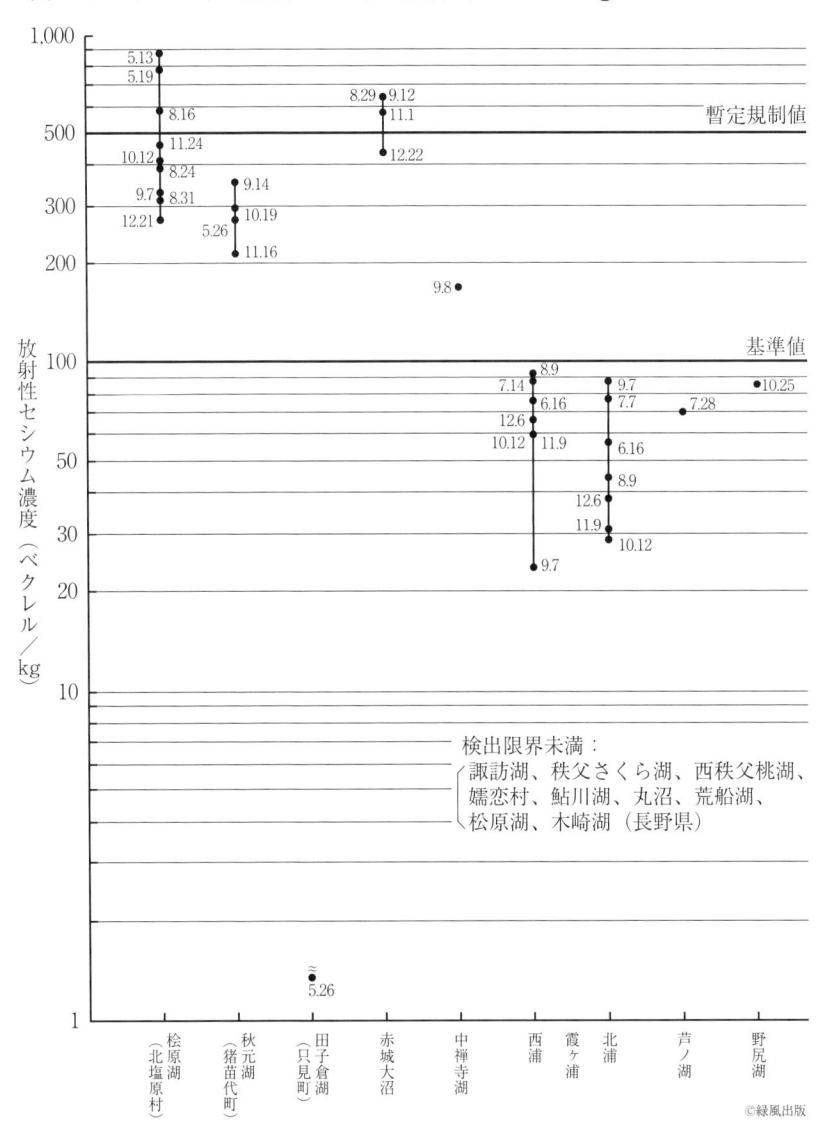

検出限界未満：
諏訪湖、秩父さくら湖、西秩父桃湖、嬬恋村、鮎川湖、丸沼、荒船湖、松原湖、木崎湖（長野県）

桧原湖（北塩原村）／秋元湖（猪苗代町）／田子倉湖（只見町）／赤城大沼／中禅寺湖／西浦／霞ヶ浦／北浦／芦ノ湖／野尻湖

©緑風出版

ベクレルを越えている。次いで、阿武隈川水系では、伊達市、福島市の順に濃度が高く、陸上濃度の高い地域の周辺ではアユ、ヤマメ、ウグイ、イワナの濃度も高い。阿賀川水系では、喜多方や西会津などでヤマメ、ウグイが基準値を越えるものが見られるが、全体としては、阿武隈川水系と比べると低濃度である。いわき市の小河川は、初期においては、かなり高濃度であったが、8月頃から低下傾向にあり、流域に当たる山間部の汚染が比較的低いことと、河川が短いことが要因と考えられる。秋川渓谷、多摩川（東京都）の下流でもアユからセシウムが検出されている。ワカサギは、桧原湖、秋元湖、赤城大沼でセシウムの暫定規制値500ベクレルを超えているものがかなりある。ワカザギに見られるように中禅寺湖なども相当、高濃度である。

　これらは、先にも見た文科省の航空機測定による分布図（図3）を見ると、ある程度推測することができる。福島県側の山間部を経て、栃木県、群馬県、埼玉県、東京都の山間部に沿って放射能雲が南下し、そのままの状態が保持されていることから伺うことができる。また、柏など茨城県南西部から千葉県にかけての県境にやや濃度の高い地域があり、それとの関係で霞ヶ浦のワカサギのやや高い濃度は説明できる。これらは、関東や静岡のお茶、水道水の汚染に似ていて、山に落ちた放射能が、一定の時間をかけて雨水により溶解し、河川に入り、それをプランクトンが取り込み、さらに魚がプランクトンを食べるという過程の中で濃度が高くなっているものと考えられる。

3-7　海藻類

　ワカメ、アラメ、ヒジキについて一つの図（図13）に示すと、四倉から永崎（いわき市）で、5～6月を中心に暫定規制値を超えており、原発からの距離が離れるにつれて濃度は下がっていく。松島湾や、牡鹿半島以北の三陸沿岸、さらに御宿（千葉県）、茅ケ崎（神奈川県）では、検出されない。図には、グリーンピースが、5月上旬に原発の周辺を中心に海岸線、沖合などで行なった独自調査[8]のアカモクに関するデータも併記した。全体

---

[8]　グリーンピース（2011）：「福島放射線調査（第3, 4, 6, 7, 8回目）」。
　　http://www.greenpeace.org/japan/ja/monitoring/

図13　海藻類の放射性セシウム濃度（ベクレル／kg）

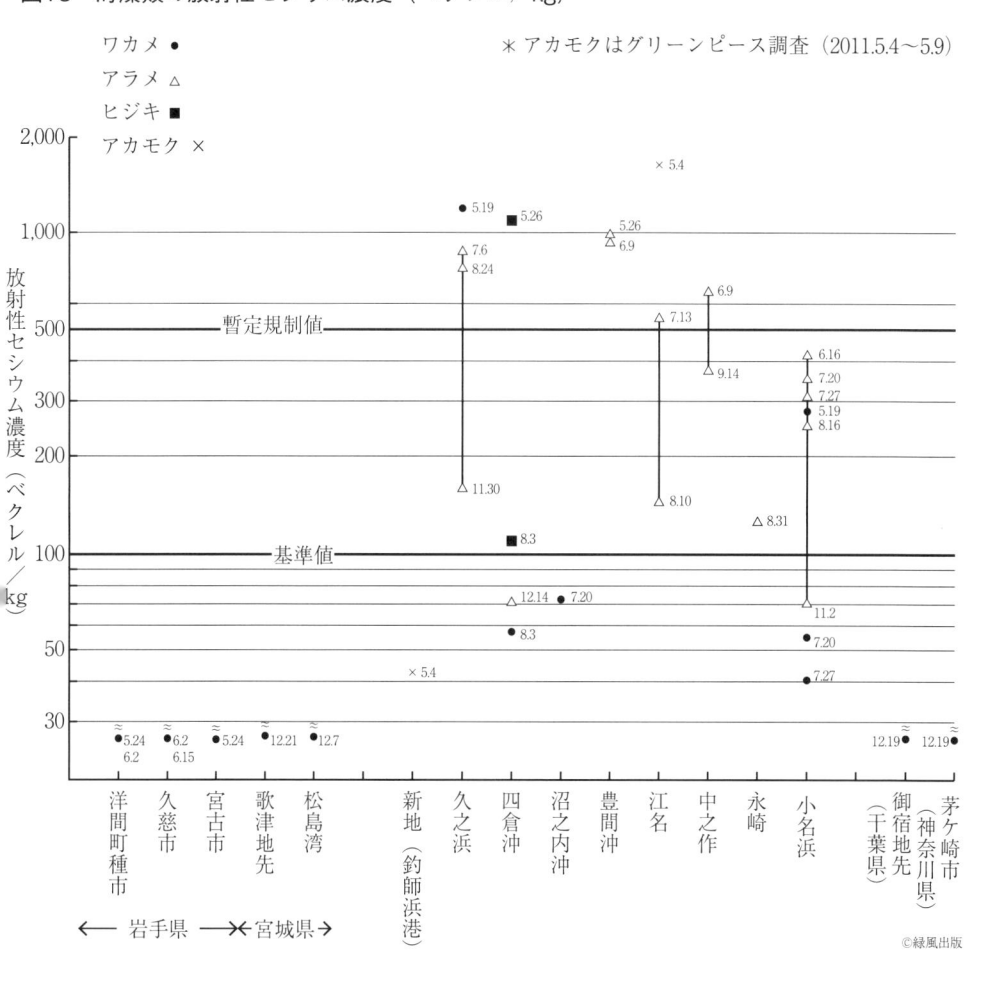

ワカメ　●
アラメ　△
ヒジキ　■
アカモク　×

＊アカモクはグリーンピース調査（2011.5.4～5.9）

としては、水産庁のデータと大きな違いは無く、同じような傾向が見られる。データとしては補い合う関係にあるといえる。

　一方、ヨウ素131については、データが少ないことから図にはしていないが、半減期が短いため、5月半ばを過ぎると急激に低くなる。水産庁のデータは、最初の採取が5月19日で、5月中は4検体しかない。それでも、5月26日、四倉沖で、2200ベクレルの暫定規制値を超える値が出ている。

グリーンピースの5月4日から9日にかけての検体の中には、特にアカモクで、5月5日の江名港、12万7000ベクレル、5月4日、原発から南東52km地点の海上の流れ藻で11万9000ベクレルという極めて高いヨウ素131が検出されている。国の調査時期が遅くなった理由は不明である。ヨウ素が海藻に特に濃縮され、かつ半減期の短いことはよく知られていることであり、3月24日から開始した時点で、なぜ即座に試料を採取しなかったのかは疑問が残る。

4　生物濃縮

懸念される生物濃縮は、海水濃度をどう設定するかによって、値は違ってくる。とりあえず、文科省の沖合の濃度を海水濃度と考えて計算すると、コウナゴにおける濃縮係数は、ヨウ素で40から300倍、セシウムでは20から700倍程度になる。水産庁は、セシウムの魚類における濃縮係数は10～100程度とし、食物連鎖が繰り返される過程で、順次、更に10～100倍に濃縮されることはないとしている[※9]。農薬やPCBが生物濃縮されるのと比べ低い値であると主張している。しかし、アイナメ、ヒラメ、シロメバル、エゾイソアイナメなどでは、2011年7月～9月になり放射性セシウムが2000～3000ベクレルという高濃度が検出されている。この時点で海水濃度はほぼゼロである。小魚や甲殻類、多毛類（ゴカイ）など底層性魚種の餌が、かなり汚染されているということだとしても、それらを食する過程での濃縮を考慮するしか、このような高濃度は説明できない。現時点では、底層性魚種の濃縮のメカニズムは不明であるが、その解明が求められる。

国の調査で問題なのは、プランクトンの項目がないことである。大型魚では、それぞれの臓器ごとの調査もない。あくまでも「食べるときの安全」という観点からの調査に限られる。プランクトンは、食品でないので対象外となる。また食すとき臓器は捨ててしまうので臓器ごとの調査は必要ないとしている。しかし、濃縮度が小さいとはいえ、生物濃縮がある以上、臓器ごとの分析は不可欠であろう。第3章で述べるように、ビキニでの事

※9　森田貴己（2011年3月）；「水産生物における放射性物質について」（水産庁勉強会資料）。

例もあるのである。

　第1章でも述べたように、海洋生物の間には生態系ピラミッドの構造（図2）がある。最も基本になるのは太陽エネルギーを固定する植物プランクトンである。それを食べる動物プランクトンがいる。さらにそれを食べるイカナゴ、カタクチイワシなどの低級魚がいる。更にそれを食べるタイ、カツオといった具合に、食物連鎖構造が複雑に作られている。こうした構図の中に、放射能がはいりこんだわけである。厄介なことに、放射能は、生態系のどの段階のものにも、区別することなく浸みこんでいく。その結果、全体として海の生態系にどういう影響を与えるのかこそが本質的な課題となる。これに関してはデータがほとんどない。多くの細胞によって臓器を作り、諸器官を有し、個体として生存している高等生物に対し、いかなる影響があるのか。細胞の中に、放射能が入ったままになれば、細胞に放射線が当たり、照射された量に比例する形で影響を受けていくはずである。内部被曝を受けるのは、人間だけではない。あらゆる自然界の動物が内部被曝をしている。

　胚発生への影響など実験室的には、様々な研究があるが、生殖機能に影響を与えることも充分、考えられる。それが次の世代にどう影響していくのかが問題である。その結果、海洋生態系全体のバランスが崩れていく可能性がある。非常に難しい課題であるが、海の生態系を構成する野生生物への遺伝的影響をも考慮に入れた調査が求められる。

4　流入海域の特徴と生物の生活史

1　惑星海流が作る世界三大漁場

　放射能が流入した海が、世界三大漁場の一つであることは、極めて重大、かつ深刻である。それは、青森県の下北半島沖から千葉県銚子沖に至る南北約500kmに渡る広大な海域である。この海域は、2011年3月11日の地震の震源となった牡鹿半島沖を中心とした南北500km、東西200kmの断層面とほぼ重なる。その背景は、暖かい暖流・黒潮と栄養豊富な寒流・親潮がぶつかり合う場所で、潮境ができる環境が安定的に保持

されていることにある。潮境とは、水温や塩分などが異なる水塊が接しあう前線（フロント）域のことである。そこでは、両側から海水が収束し、沈降流が発生する。結果として栄養塩やプランクトンが集まる。その豊富な餌を求めて、暖流系、寒流系それぞれに特徴的な魚が一カ所に集まり、暖流、寒流に特有な両方の魚種を漁獲することができる。世界的に見ても極めてまれな海域なのである。

ここで世界三大漁場とは何かをみておこう。世界には多数の漁場が存在するが、その中でも特に漁獲量が多く、安定した優良な漁場として認められているのが世界三大漁場である。水産庁のホームページ[※10]には以下のように記述されている。

「世界三大漁場に数えられる北東大西洋海域・北西大西洋海域・北西太平洋海域で漁業が盛んになったのも、海流がもたらす自然環境によるものです。

北東大西洋海域は高緯度に位置していますが、暖流が流れているため、豊富な水産資源に恵まれています。沿岸のノルウェーは、フィヨルド地形により平地がほとんどないものの、海岸線が長く、波の穏やかな港湾が数多く形成されているため、世界的に漁業・養殖業が盛んな国となっています。

北西大西洋海域も、温暖なメキシコ湾流が流れ、潮目や大陸棚を有しています。沿岸のニューイングランド地方は、米国漁業の発祥の地と呼ばれ、米国漁業管理の基本法である「マグナソン漁業資源保存管理法」(1976年) のモデルケースにもなりました。

我が国周辺の北西太平洋海域も、いくつもの海流が交差して豊かな漁場を形成しています。三陸沖や常磐沖では、栄養素を豊富に含んだ寒流の親潮が、南から流れてくる暖流の黒潮にぶつかり、潮目を形成するため、プランクトンが大量に発生し、それを食べる小魚、さらにその小魚を餌とするサンマ、カツオ、サバ等の多種多様な魚が集まります。」

これこそ、まさに、福島事態に伴い膨大な放射性物質が流入した海である。

※10　水産庁ホームページ；「世界三大漁場」。
　　　http://www.jfa.maff.go.jp/j/kikaku/wpaper/h21_h/trend/1/zoom_f015.html

では、この世界三大漁場は、どのようなメカニズムでできているのか。私たちが何も考えなくても、地球という星が自然に作ってくれている恵みの場であることを知っておくべきである。太陽の熱エネルギーは、赤道が最も多く受け、極地方では少ない。この熱の不均衡をならすために、赤道地域から極に向け大気や海洋の運動を通じて熱が移動していく。直接的には、貿易風や偏西風という恒常的な大気循環ができ、その風の応力が海流系をつくりだす原動力となる。これに地球が1日に1回、自転することが重なり、大きな海洋があると、そこに大洋規模の大循環流ができる。北半球であれば、太平洋や大西洋の赤道から北緯30度近辺までに、大洋規模の時計回りの亜熱帯循環流が形成される。ビキニやグアムを流れる北赤道海流、日本列島に沿って流れる日本海流、いわゆる黒潮は、それを構成する重要な一部分である。更に、北緯35度から45度くらいには、逆に反時計回りの亜寒帯循環流ができる。親潮は、その重要な一部である。これを模式的に示したのが図14である。

　この結果、地球上で最も大きい海である大西洋と太平洋の中緯度の西北の端、全く同じ位置に、暖流と寒流が定常的にぶつかり合う場が見事に形成されることになる。結果として、そこに暖流と寒流双方に住む魚たちが集まってくる。人間から見ると、優れた漁場ということになる。大西洋で言うと、メキシコ湾流が、日本海流（黒潮）に対応している。親潮に対応するのがラブラドル海流である。よく知られたタイタニック号の遭難事故は、ラブラドル海流という寒流で氷が多い年に、霧が発生し、ひき起こされた事故である。

　大気と海洋があり、太陽からエネルギーをもらい、かつ地球が1日1回自転し、大洋の地形が継続されている限りにおいて、大洋の西端に好漁場が形成される。この地形がどのくらいの長きにわたり続いているのか定かではないが、少なくとも5000万年とか1億年は続いているであろう。その限りにおいて、北太平洋の西端の黒潮、親潮は継続的に存在している。

　レイチェル・カーソンという名をご存知の方は多いであろう。半世紀前に、『沈黙の春』という著書を通じて、いちはやく農薬の危険性を指摘し、人工物質による環境汚染を告発したことで著名である。彼女は、海洋生物

図14 惑星海流がつくる世界三大漁場

世界三大漁場

親潮
黒潮
北太平洋亜熱帯循環流
北赤道海流
赤道反流
赤道
メキシコ湾流
ラブラドル海流
北赤道海流
東グリーンランド海流
北大西洋海流

©緑風出版

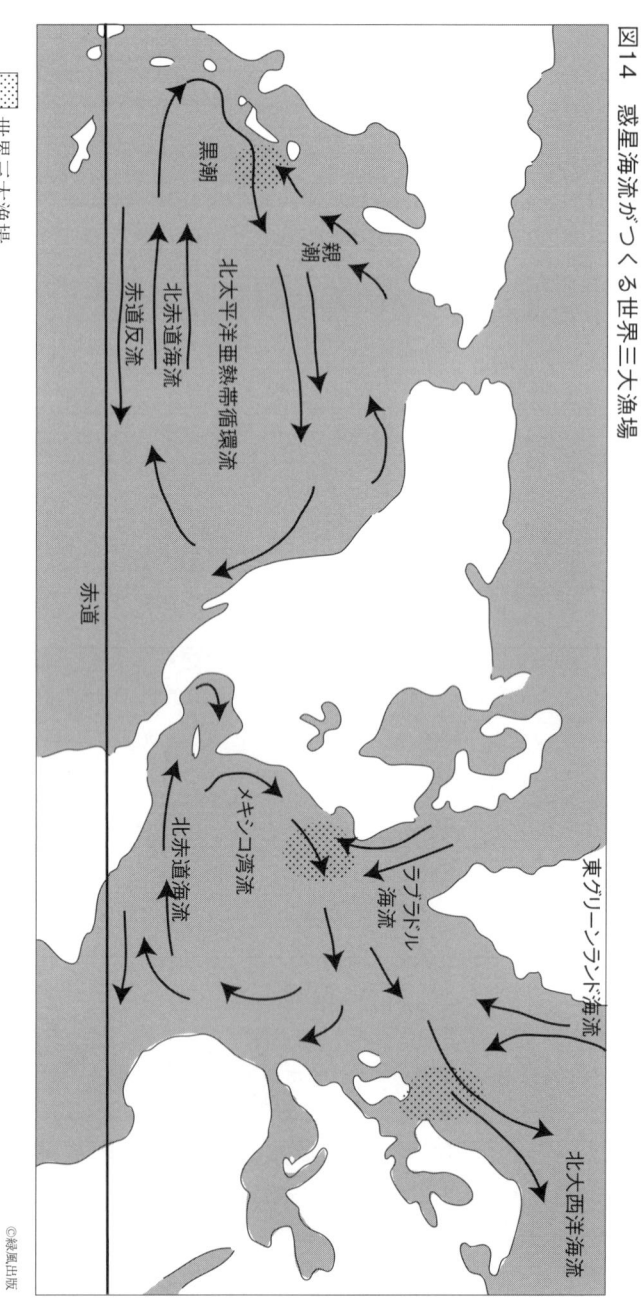

84　第2章　福島原発事故による海洋の放射能汚染

学者で、彼女の本来の仕事は、実は別の所にあった。1950年に『われらをめぐる海』という名著を著し、上記のことを以下のように指摘している。彼女は、大洋の巨大な循環流に惑星海流という形容詞を使いたいと書いている。

「大洋にある不変の海流と言うものは、考えようによっては、海の持つ諸々の現象の中でも、最も壮大なものである。それらのことを深く思うとき、私たちの心は、たちまち地球を離れる。そうして、他の惑星から、じっと見ているかのように、地球と言う球体の回転や、その表層を深くかき乱し、ときには柔らかくめぐる風や、それから太陽や月の影響について考えるようになるのである。なぜなら、このような宇宙の力のすべては、大洋の偉大な海流と密接な繋がりを持っているものだからである。そしてこのような海流に、私が最も適していると思う形容詞を与えるならば、——それは惑星海流とでも呼ばれるべきだろう。」※11

つまり、北太平洋亜熱帯循環流は、地球という惑星が、太陽との関連の中で、自然に作っている惑星規模の普遍的なメカニズムである。海洋の最も壮大な現象が惑星海流であり、それが、大洋の西北端に世界的にみても優れた漁場を形成している。その意味で、世界三大漁場とは、宇宙そのものが作る天然の恵みの場である。人間が登場するはるか以前から、この構図は続いていた。そして海の生物は、その流れ場に対応しながら、自らの生活史をつくり、種として保存されてきているのである。放っておいても自然が作ってくれるメカニズムとしての漁場を大切にしていく。それさえ大事にしていれば、必要最小限の暮らしは続けられる。しかし、私たちは、その豊かな海に面して、放射能を作り続ける核施設を北から南まで並べ立ててきたのである、今、その内の一つの原発から大量の放射能が太平洋に放出されたのである。

2 放射能の流入と生物の生活史

上記のことを踏まえ、放射能の流入と生活史の関係を考えてみよう。地

※11　レイチェル・カーソン（1950）;『われらをめぐる海』、ハヤカワ文庫 NF。

震当時の海水温データを見てみる。茨城県水産試験場のホームページから、衛星画像により福島沖の表面水温の分布を見ることができる。まず地震が起こった3月11日の水温分布を見ると黒潮は銚子から東へ伸びている。犬吠埼から東に向けて水温差が南北で10度はある潮境ができ、南側は高水温で、黒潮続流が東に向けて流れている。親潮は、水温が4度ほどで低温である。このとき、福島沖には、親潮系の冷たい水が張り出しており、沿岸にはゆるやかな南下流があると推測される。3月末になると、黒潮系の水が北上し、小名浜あたりから東へ伸びている。福島県と茨城県境に、摂氏20度の黒潮、10度くらいの親潮がぶつかりあう顕著な潮境ができ、きれいな筋が東西に走っている。このとき、飛行機で上から見たら、水色の異なる南の黒潮系の水と、北の親潮系の水が接する境界に、何本もの筋、いわゆる潮目がくっきりと見えていたはずである。潮境では、ゴミや泡がたまり、海水が南北双方から集まり、海水は潮目で沈降している。この期間に福島原発から出た高濃度汚染水は、親潮の流れに乗って沿岸をゆっくりと南に移動し、潮境域でトラップされ、一部は沈降し、また潮境に沿って東へと流れていく。ここにはプランクトンやコウナゴなどの小魚が集まり、それを餌とする様々な生物が集まる。まさに、海のオアシスとも言うべき場である。この世界でも有数の三大漁場の一つに向けて、こともあろうに福島第1原発から出た大量の放射能が流入したのである。何という構図であろうか。

次に、魚が汚染される過程を推測するために、この構図と、個々の魚ごとの固有な生活史との関連性が問われることになる。例えば、サンマは、図15[※12]のような生活史を持っている。1～2月にかけて四国や紀伊半島など黒潮の沖で産卵する。その後、卵は黒潮にのって東に流れながら、孵化し稚魚となる。3月を過ぎると銚子沖あたりまで到達し、動物プランクトンを食べて成長する。5-6月頃になると自力で回遊しつつ、北海道の沖くらいまで北上する。そこで、親潮の豊富な動物プランクトンを食べて更に成長する。そして9-10月にかけ、北海道の南東部から三陸沖まで群れをなして南下してくる。人間は、これを勝手に旬と称して、サンマを大量に捕獲して、頂くことになる。難を逃れて生き残ったサンマは、秋か

※12　日本海洋学会編（1991）；『海と地球環境』、東京大学出版会。

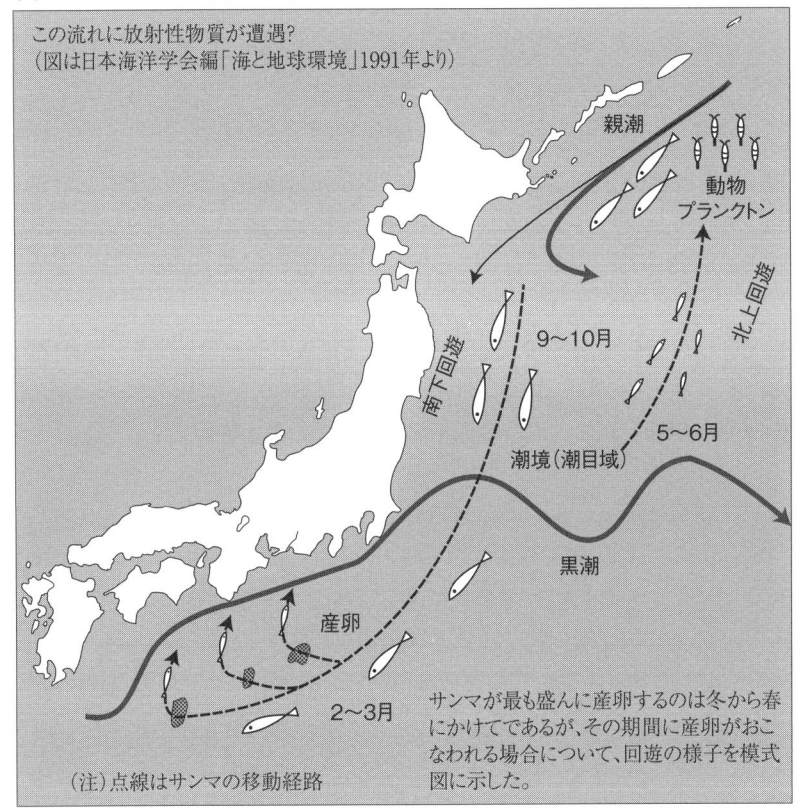

図15 サンマの生活史と海流（黒潮＋親潮）　　　　　　　　　　©緑風出版

この流れに放射性物質が遭遇？
（図は日本海洋学会編「海と地球環境」1991年より）

親潮
動物プランクトン
南下回遊
9～10月
北上回遊
5～6月
潮境（潮目域）
黒潮
産卵
2～3月

サンマが最も盛んに産卵するのは冬から春にかけてであるが、その期間に産卵がおこなわれる場合について、回遊の様子を模式図に示した。

（注）点線はサンマの移動経路

ら冬にかけてさらに南下し、四国沖の黒潮の外側でまた産卵をする。こうしてサンマは、黒潮、親潮といった流れや潮境など物理的な機構を活かしながら、1年を周期とした生活史をつくっているのである。これが、無限にくり返されているから、サンマは、毎年、同じように私たちの食卓に上がるのである。

　サンマは、黒潮や親潮など、物理的な流れを活かしながら生活史をつくり、種としての存続を保持してきている。実に壮大な生きざまである。同じことが、サバ、カツオ、サケ、スケトウダラなど回遊性のどの生物にも当てはまる。それぞれに個性はあるが、物理的な流れや場の特徴を活かしている点においては、基本的に同じである。海の生物は、人類などが登場

するはるか以前から、長きにわたって、このような流れを利用した営みをつくってきているのである。

これらの生活史と放射能の流入がどのように絡んで、事態が進行しているのかが問題になる。放射能の流入が、生活史のいかなる瞬間と交差したかにより、結果は大きく異なってくる。水産庁は、夏から秋にかけてサケ、サンマ、サバ、タラ、カツオについての調査を実施した。プランクトン、更に内臓など部位ごとの調査は行なわれていないので、生態系全体への影響を総合的に把握することができたのかどうかは疑問である。

5 海洋生態系への長期的影響

海水、海底堆積物、そして様々な海洋生物の汚染状況を分析することから、以下のような全体像が浮かび上がる。

第1次影響海域：福島第1原発から南方向の福島県沖、茨城県北部の海域では、あらゆる海洋生物に高濃度汚染が見られる。特に、底層性でかつ定着性の強い魚類の汚染は極めて高レベルで、海底土の汚染と相まって、長期にわたり危険性の高い状態が続くと考えられる。

第2次影響海域：第1次影響海域の周囲に原発から北方へ約50kmから、南は約120kmまでの南北170kmにわたる広い領域で、基準値を超える多種の生物が生息している。そこでもセシウムの半減期などから汚染の長期化が懸念される。

第3次影響海域：ヒラメ、マダラ、マサバ、スケトウダラなど数種の回遊魚では、北海道東部や青森県沖、さらに三陸沿岸部の広い範囲にまたがり、数十ベクレルという中低濃度で放射能の存在が確認されている。ただし、これは、海水の移動によるよりも、魚自身の遊泳行動による面が強い。

こうして、水産生物の汚染は何重もの構造のなかで、継続することが憂慮される。この現実を考えると、中長期的に見た海洋生態系への影響をフォローすることが必要となる。コウナゴが汚染されたのは、プランクトンが汚染されていたからである。残念ながら、日本政府はプランクトンの調査を行なっていない。水産庁は、水産物、食品の安全性を調べるのが目的であるから、食品でないプランクトンは調べない。更に大型魚でも内臓

は調べない。放射性物質は内臓に蓄積する可能性があるのに、筋肉を中心に調べるだけである。海の生態系の現状と今後の動向を把握するためにはプランクトンや生態系を構成するもの全てを調査し、放射能が環境中をどう移動していくのか、総合的に評価しなければならない。

　この意味で、福島事故による海洋汚染に関する今後の対策としては、調査の目標を「食品の安全」から「海洋生態系の総合的な評価」に変えて詳細に行なうべきである。そのためには動植物プランクトンや魚の部位ごとの分析もしなければならない。生物の生息環境としての海水、海底堆積物中の濃度測定も継続すべきである。また福島事故で放出された放射能の影響域が、太平洋規模にまで及ぶことは十分、ありうることであり、既に2011年9月から精度を3桁、高めた測定方法での調査が行なわれているので、そのデータを用いた第4次影響海域とでも言うべき広大な領域に関する解析が求められる。

　とりあえず、仮に福島第1原発からの新たな放射能の放出はないと考えたとしても、環境中での放射能の移動に伴う負荷は想定せねばならない。まず河川や地下水を通じての陸からの流入がある。上流域に高濃度警戒区域が含まれる南相馬に流入する小河川（新田川、真野川など）、更に流域の山間部が、相当汚染された阿武隈川水系は、長期にわたり、海洋へ放射能を輸送する汚染源となる。更に本章3、2で触れたように福島第1から大洗沖に至る海域で、海底堆積物に蓄積されたセシウムが、海底土壌から溶出して海水への2次的な汚染源となる可能性もある。

　関連して、福島第1原発の沖を中心とする汚染の影響区域で沿岸漁業がなくならない措置を講ずるべきである。福島県側では現在漁業は行なわれていない。いつまで操業できないのか正確には分からない。陸で人々がなかなか帰ることができないのと同じくらい、長期間待たないといけないかもしれない。定着性の水産生物はそうなる可能性が高い。しかし海の中で何が起こっているのかを見るためにも、漁獲をつづけるべきである。高濃度に汚染された魚は最終的に捨てるしかないが、漁業操業した代価を国や東京電力に補償させるべきである。このまま放っておけば、時を経ず転職が始まり、その人たちが10年後に海に戻って来れるかといえば、そうはならない確率が高い。こうなってしまった以上は、50年後に福島県、茨

城県北部にも漁業があるようにするという観点が重要であろう。長い時間的視野で対策をたてていくべきである。

ところが、これだけの海洋汚染をもたらしたことについて、経済産業省原子力安全・保安院は全く動いてないことが報道されている。「緊急事態」を理由に、法的には流出量は「ゼロ」と扱ってきたというのである（2011年12月16日、東京新聞）。とにかく事故への対応が最優先で、福島第1原発は、漏出を止められる状態にない「緊急事態」であったことから、総量規制を適用せず、膨大な放射能の漏出をゼロ扱いすると説明した。現在、電力事業者は、原子炉等規制法により原発ごとに海に出る放射性物質の上限量を定めるよう決められており、福島第1原発では、セシウムなどは年間2200億ベクレルを超えて放出できないという総量規制がかけられている。ところが、既にみた東電が発表した放出量4700兆ベクレルは、通常時の上限量の2万倍強にもなる。あまりに膨大な量のために、初めからお手上げの状態で、これは見なかったことにするというわけである。

この姿勢は、今後、漏出や意図的な放出があってもゼロ扱いすることを示唆している。2011年12月4日には、処理済みの汚染水を蒸発濃縮させる装置から、260億ベクレルの放射性ストロンチウムを含む水が海に漏れ出した。さらには、敷地内に設置した処理水タンクが2012年前半にも満杯になる見込みがあり、その時、意図的に放出せざるを得ないかもしれない。仮に、こうした事態が避けられない時でも、保安院としては、おとがめはなしというわけである。

これでは、上限量を決めていても、何ら意味はない。膨大な放射能を海洋に流出させたことの犯罪性を、国家として断罪する意志がないことを表明しているようなものである。信じがたい姿勢である。これを正当化すれば、そもそも、平常時における規制の意味はなくなってしまう。

以上、福島事故に伴う海洋の放射能汚染を包括的に捉えるべく分析を進めてきた。しかし、事故に伴う放射能の放出量は依然あいまいなままである。水産生物データは、検体数こそ多いが、試料採取の方法や基準に系統性に欠ける面がある。今回、その全ての生物種に関して解析したわけでもない。海底土壌の放射能も、測定日によるばらつきが大きく、同一測点と

いっても、放射能の分布そのものの不均一性を反映しているのかもしれない。また動物プランクトンや太平洋の広域的な海水データも一部公表されているが、本書には含まれていない。このように不確定な部分が相当ある中での分析であることは否めない。今後、その一つ一つの素材の質を高め、認識を深めていかねばならない。

　それにしても、世界的に見てトップスリーに入るすぐれた漁場に面して、大間、東通、六ヶ所、女川、福島第1, 福島第2, 東海村とこれだけの核施設が集中していることは驚くべきことである。世界三大漁場に面して、よくも並べたてたものである。とりわけ六ヶ所のように、平常時においても膨大な放射能を放出する施設を、三陸沖の優れた漁場が南北に連なる位置に集中立地しようとしていることは、その最たるものである。

　全体を眺めながら、政策を立案してきた歴代の政権担当者の自然観、思想の根本的欠陥が浮かび上がる。この人々には、日々、原発を運転することの意味が理解できていなかったのではないか。原発を運転するとは、毎日せっせとウランを核分裂させ、「死の灰」とプルトニウムを製造しつづけることである。これは避けられない事実である。核兵器も原発も原理は同じである。違うのは、原爆が核分裂の連鎖反応を瞬間的に起こすのに対し、原発はゆっくり起こすことだけである。燃料棒のなかに、核分裂でできた「死の灰」を作り続けることに変わりはない。福島第1原発で大事故をおこした4つの原子炉内には、仮に1年稼働分とすれば「死の灰」2.8トンがあったことになる。福島事態は、その一部でも外部に放出された時、どれだけ恐ろしい事態になるのかをしらしめたのである。

　他人事のように書いたが、これには、我々一人一人にも一部の責任がある。世界三大漁場の海に面して核施設が連なる構図のなかに、我々が、何を考え、将来に向かって何を構想しているのかが象徴されている。放っておいても地球という惑星がおのずと作ってくれる不滅の優れた漁場が形成されることは、既にわかっているのである。にもかかわらず、核施設を所狭しと配置し、電気と一緒に毒物を生産し続けてきた。そして、とうとう福島原発で、懸念された事態が起きてしまった。これはエネルギー問題を越えて、現代文明の脆弱性と刹那性を象徴する出来事である。

福島事態による海洋の放射能汚染は、世界でも屈指の豊かな海に面して、北から南まで隙間なく「死の灰」と核物質プルトニウムの製造・貯蔵施設を並べてきた愚かさと犯罪性を浮き彫りにしている。

第3章 大気圏核爆発による海洋の放射能汚染
―― 惑星海流が運んだビキニ水爆マグロ ――

1　大気圏核爆発による放射能放出

　前章で現在的に最も深刻で多くの関心が集まっている福島原発事故に伴う海洋の放射能汚染について述べた。しかし、人類が核エネルギーを使い始めてから、放射能の地球環境への放出が、最も大規模、かつ深刻に行なわれたのは、1945年から四半世紀にわたって続いた大気圏核爆発によるものである。本章では、それを全体的にふりかえりつつ、特にその典型である米国によるビキニ環礁核実験による海洋汚染を詳しく見ていきたい。
　まず大気圏核爆発により、いつ、どこから、誰により、どのくらいの量の放射能が放出されてきたのかを整理する。

1　核実験の歴史

　米国は、1945年7月16日のトリニティ・サイト核実験、8月の広島・長崎への原爆投下によって大気圏核爆発の端緒を切った。第二次世界大戦後は米ソ冷戦構造の中で、とめどない核軍拡競争が続き、大気圏内の核爆発はエスカレートしていった。
　図16に、「原子放射線の影響に関する国連科学委員会」(以下、UNSCEAR)の「2000年報告書 放射線の線源と影響 第Ⅰ巻」[※1]、付録Cに基づき大気圏核爆発の各年の回数、及び爆発威力を示した。広島・長崎での戦時使用を含めて1945年は3回であったが、米国、旧ソ連、イギリス、フランス、中国の5カ国によって1980年までに543回の核爆発が行なわれた(これらのデータは2000年段階の知識に基づくものであり、過去の核実験について全貌が明らかになっているわけではない)。多くの実験が行なわれたのは、1951年から1958年、1961年から1962年である。中でも日本人と世界の市民にとって、核実験がいかに深刻であるかを投げかけたのが1954年の米国によるビキニ環礁核実験である。
　1963年に米国、イギリス、旧ソ連による大気圏、宇宙、及び海中での

※1　「原子放射線の影響に関する国連科学委員会」(UNSCEAR) (2000);「2000年報告書 放射線の線源と影響 第Ⅰ巻」、付録C。

図16　大気圏核爆発（広島・長崎を含む）の回数と爆発威力（メガトン）

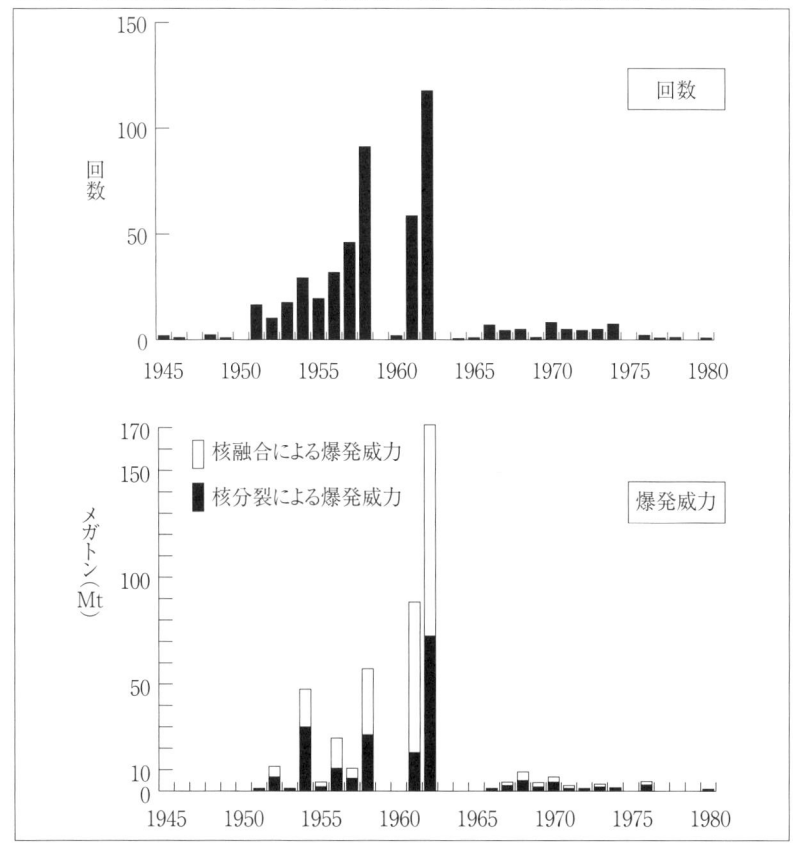

（ピースデポ『核軍縮・平和2011』より）

核実験を禁止する部分的核実験禁止条約（以下、PTBT）が発効した後は大きく減った。本来ならゼロになるべきところであるが、PTBTに加盟することを良しとしないフランス、中国が1980年まで続けていたのである。言うまでもないが、この5カ国は、核不拡散条約（NPT）上の核兵器保有国で、特権的な位置をしめている国である。核兵器による攻撃を抑止するという思想に基づき、核兵器を保有し、相互の不信から核軍拡が進む中で、大気圏核実験はくり返された。人類の愚かさと核保有国の犯罪性を象徴する出来事である。

図16における爆発威力とは、核兵器が爆発の際に放出するエネルギーと同じ爆発エネルギーを発するTNT（トリニトロトルエン）火薬の質量で表される。UNSCEAR報告書では、大気圏核爆発の爆発威力の総量は、核分裂によるものが189メガトン（メガ＝10の6乗＝100万）、核融合によるものが251メガトン、合計440メガトンであると、ある仮説の下に算出している。

図17に主な核実験場と実験国、実験回数、そこでの総爆発威力（メガトン）を示す。実験回数が多いのは、セミパラチンスク、ノバヤゼムリア、ネバダ、マーシャル諸島（ビキニ環礁など）である。爆発威力では、ノバヤゼムリア、マーシャル諸島が圧倒的に大きい。実験場の位置は、北半球中緯度の砂漠地帯（セミパラチンスク、ネバダ、ロプノール）、太平洋の赤道を囲む島嶼地帯（マーシャル諸島、クリスマス島、ムルロア環礁など）、そして北極地帯（ノバヤゼムリア）、オーストラリア、サハラ砂漠など、緯度においても気候風土においても多岐にわたる。放射能は対流圏での偏西風や貿易風、成層圏での大気の大循環にのり、グローバルに拡散し、同時に地球表面の70％を占める海洋に降下した。

2　放射能の放出量

これらの核実験による放射性物質の放出量を、UNSCEAR「2000年報告書 放射線の線源と影響 第Ⅰ巻」付録Cの表2、表9をもとに推算し、表6に示した。なお表には、参考としてチェルノブイリ原発事故の放出量、及び100万kw軽水炉原発炉内存在量も併記した。

このUNSCEAR報告書においては、まず、核融合爆発に対しても核分裂爆発に対しても、1メガトン当たりの爆発によって生成される放射性生成物の量（ベクレル量）を、理論値や経験値によって算出している。表の上段に出てくる核種、トリチウム3、炭素14、マンガン54、鉄55は、主に核融合爆発に伴って生成するものであり、それ以下のものは核分裂反応に伴って発生するものである（必ずしも融合や分裂の生成物ではなく、プルトニウムなど中性子を吸ってできる主要な放射性核種も含まれている。ウランも当然含まれるべきであるが、ベクレル量への貢献が小さいので省略されている）。次にUNSCEAR報告書では、爆発地域近隣に降下する生成物（地球

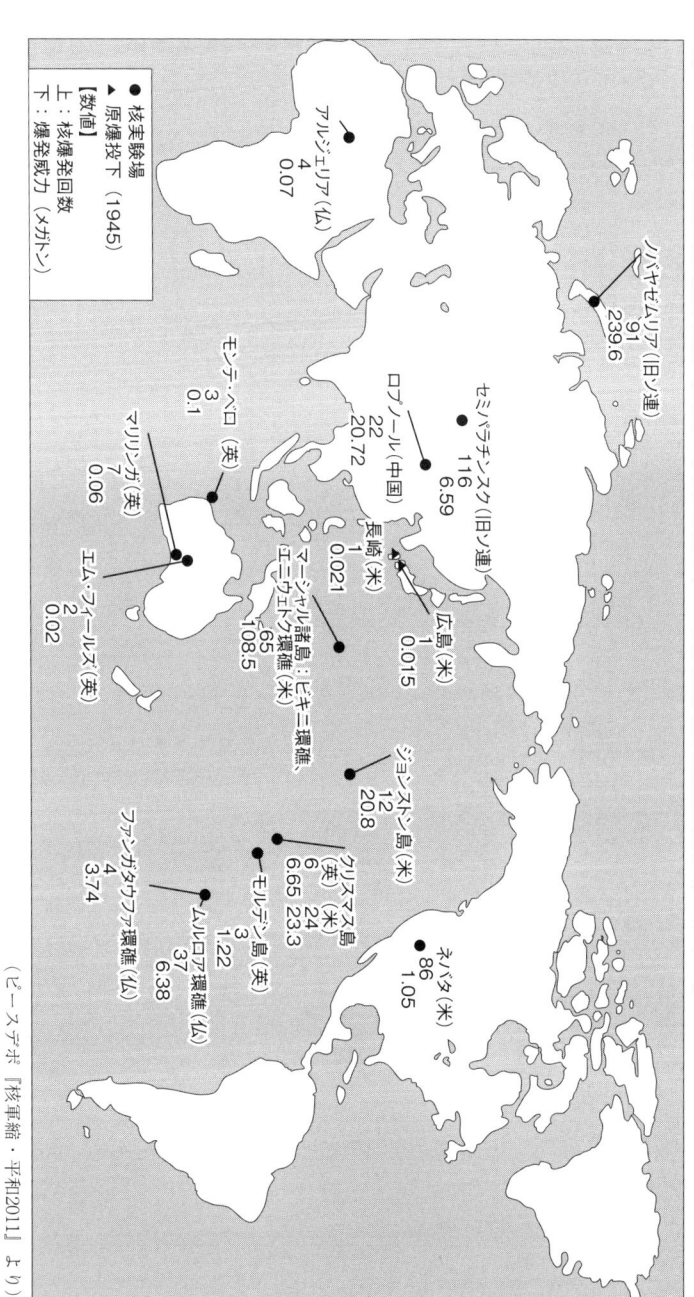

図17　主な大気圏核爆発地点（広島・長崎を含む）の核実験回数と爆発威力（メガトン）

● 核実験場
▲ 原爆投下 (1945)
[数値]
上：核爆発回数
下：爆発威力（メガトン）

ノバヤゼムリア（旧ソ連）
91
239.6

アルジェリア（仏）
4
0.07

セミパラチンスク（旧ソ連）
116
6.59

ロプノール（中国）
22
20.72

長崎
1
0.021

広島（米）
1
0.015

モンテ・ベロ（英）
3
0.1

マリンガ（英）
7
0.06

エミュウェトク環礁（米）
マーシャル諸島：ビキニ環礁（米）
65
108.5

エミュ・フィールズ（英）
2
0.02

ジョンストン島（米）
12
20.8

クリスマス島（英）
24
6.65 23.3

モルデン島（英）
3
1.22

ムルロア環礁（仏）
37
6.38

ファンガタウファ環礁（仏）
4
3.74

ネバダ（米）
86
1.05

（ピースデポ『核軍縮・平和2011』より）

表6 大気圏核爆発、及びチェルノブイリ事故により放出された主要な放射性物質の総量

Ⓒ 緑風出版

核種	半減期	大気圏核爆発 (PBq) <a>	チェルノブイリ原発事故 (PBq) <b>	参考:100万kw軽水炉原発炉内存在量 (PBq) <c>
トリチウム 3	12.3 年	186,000		
炭素 14	5730 年	213		
マンガン 54	312.3 日	3,980		
鉄 55	2.73 年	1,530		
クリプトン 85	10.72 年		33	21
ストロンチウム 89	50.5 日	138,000	80〜115	3,500
ストロンチウム 90	29.12 年	733	8〜10	140
イットリウム 91	58.51 日	141,000		4,400
ジルコニウム 95	64.0 日	174,000	140〜196	5,600
ニオブ 95	35 日			5,600
モリブデン 99	2.75 日		168〜210	5,900
ルテニウム 103	39.3 日	291,000	120〜170	4,100
ルテニウム 106	368 日	14,400	25〜73	930
アンチモン 125	2.77 年	873		
テルル 129m	33.6 日		240	196
テルル 132	3.26 日		1,000〜1,150	4,400
ヨウ素 131	8.04 日	796,000	1,200〜1,800	3,100
ヨウ素 133	20.8 時間		2,500	6,300
キセノン 133	5.25 日		6,500	6,300
セシウム 134	2.06 年		44〜54	280
セシウム 136	13.1 日		36	110
セシウム 137	30.0 年	1,120	74〜86	170
バリウム 140	12.7 日	894,000	160〜240	5,900
セリウム 141	32.5 日	310,000	120〜200	5,600
セリウム 144	284 日	36,100	90〜140	3,100
ネプツニウム 239	2.36 日		945〜1,700	
プルトニウム 238	87.74 年		0.03〜0.035	2.11
プルトニウム 239	24065 年	6.52	0.03〜0.033	0.78
プルトニウム 240	6537 年	4.35	0.042〜0.053	
プルトニウム 241	14.4 年	142	5.9〜6.3	
プルトニウム 242	376000 年		0.000	
キュリウム 242	163 日		0.9〜1.1	
総計		2,989,000	6,960〜8,930 <d>	59,300 <d>

空欄は出典文献に掲載がないことを意味する。
PBq =ペタベクレル= 1000 テラベクレル= 1000 兆ベクレル。ベクレルは、放射能の強さを表す単位で、1秒当たりに崩壊する原子核数。
<a> 原子放射線の影響に関する国連科学委員会、「2000年報告書 放射線の線源と影響 第Ⅰ巻」付録C、表2、表9より作成(補正の方法は本文参照)。
<b> 原子放射線の影響に関する国連科学委員会、「2000年報告書 放射線の線源と影響 第Ⅱ巻」付録J、表2よりいくつかの推測値から作成。
<c> 3年運転した時の炉内存在量。 出典:米国原子力委員会、原子炉安全研究:NUREG-75/014(WASH-1400)、付録Ⅵ(小出・瀬尾論文より引用)。
<d> 大気圏核爆発では希ガスのデータがないので、比較のため希ガス(クリプトン85、キセノン133)を除いて総計とした。

全体で約30メガトン分と見積もっている）は、地球的規模の放射能汚染には貢献しないとして除外し、それぞれの核種の放出総量を計算し付録Cの表9を作成している。しかし、ここでは、原発からの放出量と比較するためには近隣降下物を含むべきなので、その点を補正して表を作成した。

表に示されるように、1945年から1980年までの25年間にわたって続いた大気圏核爆発は、総量約300万ペタベクレル（3にゼロが21個つくベクレル量）（1ペタ＝1000兆）という天文学的量の放射性物質を地球上に放出した。平均して1回の爆発実験で550京（5500ペタ）ベクレルの放射能を放出したことになる。放出された中で半減期の長いストロンチウム、セシウム、プルトニウムなどは半減期に応じて残存し、現在も放射能の平常時におけるバックグラウンド値を高めている。これらの環境汚染や人間を始めとした生物への影響の度合についての議論は今も激しい論争の的になっている。また、これまでの議論では誘導放射能が評価されていない。例えば、第五福竜丸の被災で大きな問題になったビキニ環礁実験では、核融合に伴い発生した高速中性子が、周囲にあったサンゴの炭酸カルシウムや海水中の硫酸基のなかのイオウに衝突して放射化した放射性カルシウム45、イオウ35が大量に作られた[※2]。

また原爆も水爆も、臨界量よりもはるかに多量のウラン235やプルトニウム239を使うのみならず、タンパー（反応促進体）や反射体として多量のウラン238を使用していると考えられている。したがって、これらが爆発に伴い微粒子となって飛散し、主として局所的、地域的な範囲に落下していると見られる。また、UNSCEAR報告書は、表のジルコニウム95、セリウム144の50％は近隣に、さらに25％は周辺地域に落下したと推定している。

これらの内、放射能の海洋への直接的な放出が問題となる太平洋などの島嶼部における核爆発、計75回による放出量については、第1章1、2、2-1で述べた。この中で、ビキニ20.3メガトン、エニウエトク7.63メガトンで、米国の両者を合わせると全体の99％となることを示した。ビキニ環礁での核実験が、いかに大規模であったかが伺える。

※2　三宅泰雄（1972）;『死の灰と闘う科学者』、岩波新書。

2 ビキニ環礁核実験による海洋の放射能汚染

　大気圏核爆発による海洋汚染に関して、最も大規模、かつ典型的なものが1954年のビキニ・エニウエトク環礁での「キャッスル・テスト」と名付けられた6回にわたる米国の核実験である。日本は、そのとき被害者としての補償要求の要素もあったと思われるが、水産庁の練習船「俊鶻丸」による海洋汚染調査を実験から2カ月後に行なった。その結果、観測船が、ビキニ環礁の周辺で北赤道海流に入った途端に、海水からも生物からも相当量の放射能が検出されたのである。ビキニ実験から半世紀を超える時がたち、第五福竜丸の被災や放射能マグロという言葉が残っている程度で、この問題は、多くの人の念頭から消えてしまっている風潮もある。しかし、事の重大性は不変である。ビキニ環礁核実験による被災、とりわけその海洋汚染について詳細に見ておきたい。

　1954年3月1日から5月14日（日本時間）、米国は、太平洋のほぼ真ん中に位置するビキニ・エニウエトク環礁で一連の核実験（水爆5回、原爆1回）を行なった。UNSCEAR2000報告書、付録C[※3]に基づき作成した実験概要を表7に示す。サンゴ礁の地表面、台船（バージ）などで核爆発が行なわれ、初日の3月1日に爆発させた爆弾はブラボーと名づけられた。その爆発力は、TNT火薬に換算して15メガトンである。15キロトンの広島型原爆の何と1000倍の威力である。ブラボーは、サンゴ礁の岩上にたてられた高さ50mの鉄塔の上で爆発した。島には、直径約500m、深さ数百mの大穴があき、数億トンのサンゴ礁を構成する岩石の粉が空高く吹き飛ばされた。このビキニ環礁での米国による水爆実験で放出された膨大な放射能が地球規模での汚染をもたらす事態となった。

　3月1日、ビキニ環礁からほぼ160km東方でマグロはえ縄漁をしていた焼津市所属の第五福竜丸が、実験に伴い降下した径0.1ミリほどの白い灰をかぶって被災した。半年後、乗員の一人久保山愛吉氏が死亡するに至った。「午前4時前頃、西方に異常な光が現われた」、「午前6時半頃から6時間の間、白い粉末がチラチラと降る雪のように、断続的に船上に降

※3　注1と同じ。

表7　ビキニ、エニウエトク環礁における「キャッスル・テスト」(1954年)

爆発威力 (メガトン= Mt)

実験名	日時	実験方法	核分裂	核融合	合計	実験場
ブラボー	1954年3月1日	表面	9	6	15	ビキニ環礁
ロメオ	1954年3月27日	バージ	7.3	3.7	11	ビキニ環礁
クーン	1954年4月7日	表面	0.075	0.035	0.11	ビキニ環礁 失敗
ユニオン	1954年4月26日	バージ	4.6	2.3	6.9	ビキニ環礁
ヤンキー	1954年5月5日	バージ	9.0	4.5	13.5	ビキニ環礁
ネクター	1954年5月14日	バージ	0.845	0.845	1.69	エニウェトク環礁

© 緑風出版

り注いだ」。その日の様子については、大石又七『ビキニ事件の表と裏』(2007) [※4] など、当事者による多くの文献がある。

　第五福竜丸の被災では、空から白い灰が降り注ぎ異変が起こったように、6回の核爆発がもたらした放射能汚染は、まず大気経由で認識された。ビキニ環礁から北東3000キロも離れたミッドウエイ群島付近で操業していた三崎（神奈川県）の漁船、第8順光丸の船体は、1万cpm以上の放射能で汚染されていた。cpmとは、当時、放射能を測定する際の主流であったガイガーカウンターで測定した時の、1分間当たりのカウント数である。「死の灰」は、貿易風や偏西風に乗り、地球規模で移動し、多くは雨となって降下した。後になって分かったことであるが、米政府の調査によると、ビキニ実験の灰は、貿易風に乗って北半球低緯度地帯を中心に拡散し、日本では、沖縄が最も影響を受けたと考えられる。

　水爆は、水素原子の融合に伴う質量欠損からエネルギーを瞬時に取り出すもので、それを誘導するために原爆が利用される。いわば、核分裂によるエネルギーを起動力として、核融合を起こすという代物である。従って、まず原爆に伴う核分裂生成物ができる。しかし、第五福竜丸に降りそそぎ、久保山さんの命を奪った白い灰には、タンパーとして用いた天然ウランに高速中性子が衝突して核分裂が起こってできた核分裂生成物も大量に含まれていた。また、先に述べたように高速中性子が、サンゴや、海

[※4]　大石又七 (2007)；『これだけは伝えておきたいビキニ事件の表と裏』、かもがわ出版。

塩の中の硫酸基に衝突してできたカルシウム45、イオウ35などの誘導放射性物質[※5]も大量に放出された。水爆の恐ろしさは、ここにある。

第五福竜丸が焼津に寄港した後、漁獲したマグロは廃棄された。その後も約1000隻の漁船が持ち帰ったもののうち、基準を越えて放射能が検出された汚染マグロは、すべて廃棄され、日本の水産業は大打撃を受けた。

このとき米原子力委員会のストローズ委員長は、声明で[※6]、「実験の結果、マグロ、その他の魚類が広範囲に汚染されたという報告に関しては、その事実は確認されていない。発見された汚染した魚類は日本のトロール船が積んでいたものだけであった。米国食料医薬庁のクロウフォード委員は、我々に次のように報告した。『太平洋からとれた魚を積んだいかなる船からも放射能は我々の検査によって検出されなかった。検査は極めて念入りな方法によって行われた。……このタイプの汚染のおそれは全くなかった』」と述べている。

さらに同声明において、海水の放射能に関しても、「放射性降下物が日本海流にのって日本に向かって移動するというおそれに関しては、私は次のように言明することができる。実験区域に降下したいかなる放射能も、毎時1マイル以下でゆっくりと流れているこの海流にのった後、数マイル以内に無害となるであろうし、また、500マイルたらず以内には完全に検出されなくなるであろう」と豪語した。

3 「俊鶻丸」海洋汚染調査

日本政府は、核実験に伴う水産生物への影響を具体的に特定するため、農林省の「俊鶻丸」による海洋の放射能汚染調査を組織した。当時としては異例なことであるが、専門分野を異にする大学、国立研究機関の22名の科学者が乗り込んで、1954年5月15日から7月4日まで、核爆発海域

[※5] 核爆発時や原子炉内で、高速中性子が地上の土壌や原子炉構造物の原子核に衝突して吸収されると、その原子核が放射線を出す物質に変わる。これを誘導放射化といい、これによりできた物質を誘導放射能という。コバルト60、イオウ35などの例がある。

[※6] ストローズ米原子力委員会委員長声明（1954年3月31日）；『ビキニ水爆被災資料集』（東京大学出版会）（1976年）所収。

を中心に、赤道から北緯20度、東経145〜175度までの広大な領域で、海水、プランクトン、魚類などの放射能調査を行なった。以下、報告書[※7]に基づき、海洋汚染の実態をふりかえる。

　報告書によると、調査の目的は、「ビキニ周辺の海域における魚類その他の生物、および海水・大気・雨水に含まれる放射能の調査、乗船者保護の見地から船体が浴びる放射能と船上、あるいは船室の汚染状況を明らかにする環境衛生の調査、放射能物質を運搬媒介する気流海流の状況を明らかにするための気象・海象の調査等、漁業・生物・気象・海洋・環境衛生など、それぞれ専門の立場から総合調査を行うこと」であった。

　調査の内容に入る前に、まずビキニ環礁付近の海流について見ておこう。ビキニ環礁は、北緯11度35分、東経165度23分に位置し、北赤道海流域にあり、ほぼ琵琶湖と同じ大きさである。北赤道海流の範囲は、季節により変動しているが、北緯12度付近を中心にして西に向かって流れ、その南側には赤道反流と呼ばれる東に向かう流れがある。北赤道海流域は、風が東、あるいは北東から吹く貿易風帯に属し、この風が、西向きの北赤道海流を形成している。ビキニ環礁付近では、およそ0.5〜1ノットのゆっくりとした流れである。ただし、これらの海流系は海底まで及んでいるわけではなく、赤道付近では約300mの深さまでがせいぜいである。放射能は、このような物理的な場に規定されて分布していることが予想される。

　図18は俊鶻丸の航跡図と汚染魚の出現状況、実測した海流を示したものである。図でA、B1、B2が北赤道海流（西流）、Cは赤道反流（東流）、さらにその南のDは南赤道海流（西流）である。北赤道海流の中心はB1であるが、その北側のAには、北ないし北東に向かう流れが見られる。これらの内、●印の29地点において放射能の調査が行なわれた。

　放射能測定は、1分当たりの放射能崩壊を検知した数を累積する装置であるガイガー計数管によった。単位はcpm（カウント・パー・分）である。これを放射能の強さを表すキュリーに換算することができる。キュリーとは、当時使用されていた放射能の強さを示す単位で、今でいうベクレルに相当する。報告書によると効率は7.7%とある。これから、cpmとキュリー

※7　水産庁調査研究部（1955年3月）；「ビキニ海域における放射能影響調査」

図18 俊鶻丸の航跡図(○—○)と海流

a) 海流系と放射能汚染魚の出現状況

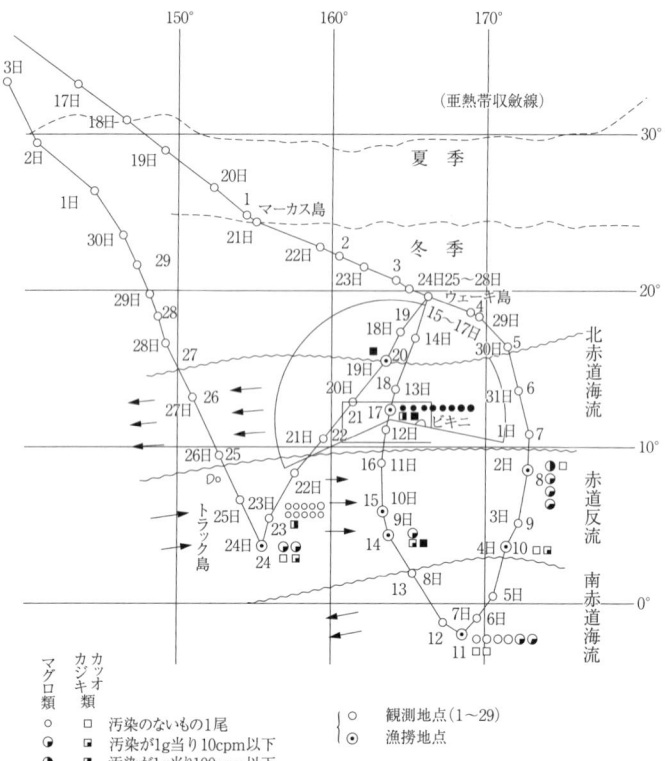

(亜熱帯収斂線)
夏季
冬季
マーカス島
ウェーキ島
北赤道海流
ビキニ
赤道反流
トラック島
南赤道海流

	マグロ類	カジキ類	カツオ類	
○	□		汚染のないもの1尾
◐	◨		汚染が1g当り10cpm以下
◓	◩		汚染が1g当り100cpm以下
●	■		汚染が1g当り100cpm以上

○ 観測地点(1〜29)
◉ 漁撈地点

扇形内は航行禁止区域

b) 流速分布(矢印は海流の方向。矢印の長さは速度に比例)

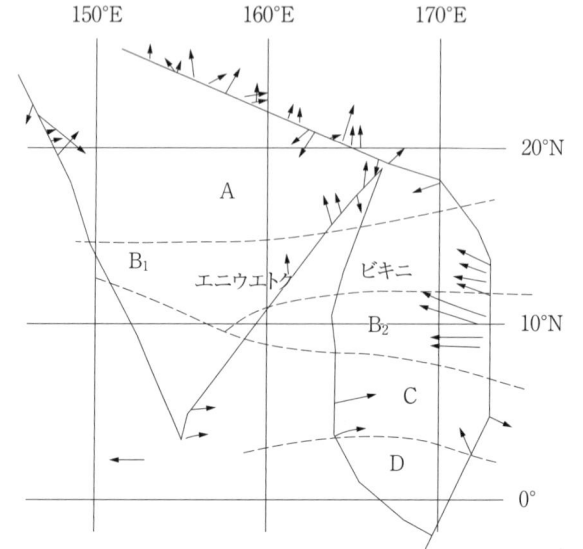

A
B_1 エニウエトク ビキニ
B_2
C
D

との以下のような関係があることが、報告書に記述されている。

$$1000\text{cpm} = 5.9 \times 10^{-9} \text{キュリー（Ci）}$$

　他方、現在は放射能の強さを示す単位としてベクレルが使われていることは、福島事態を契機として、多くの市民になじみが出てきているであろう。ベクレルとキュリーは、放射能の強さを表す意味では同次元の概念であり、以下の関係がある。

$$1 \text{キュリー} = 3.7 \times 10^{10} \text{ベクレル}$$

　この２つの式から、1000cpm = 218ベクレル

という関係が導かれる。これにより、俊鶻丸のデータについてはcpmデータをベクレルに換算できることになる。以下においては、俊鶻丸調査のデータをベクレルに換算し、それを元に図表を作成した。物質の特定はできないが、これにより、福島事態、チェルノブイリ原発事故や欧州の再処理工場による海洋の放射能汚染と、ビキニ水爆による汚染とのある程度の比較ができるようになる。

1　海水から放射能が

　５月25日から観測が始まったが、初めは海水から放射能が検出される気配はなかった。俊鶻丸調査団の顧問の中にも「大きい池の中に赤インキを一滴おとしたようなもの。海水には放射能は検出されないだろう」と考えている人がむしろ多かった。研究員たちの中でも、やはり膨大にある海水に希釈され、海水から放射能が検知されることはないのだろうかと考えはじめる雰囲気もあった。ところが、５月30日、船が北赤道海流に入った途端、多くの人の予想に反して、実験海域から北東に約1000kmも離れた海水から150cpm/リットル（= 33ベクレル/リットル）の放射能が検出されたのである。それから３週間ほど、北緯10度から15度の北赤道海流の流域を中心に海水から放射能が検出され続けることとなった。

　図19及び図20に、調査データをベクレル換算した値を用いて作成した、放射能の水平分布、および南北の測線に沿った２本の鉛直断面図（図19のA、B）を示す。単位は、すべて海水１リットル当たりのベクレル数である。実験海域を含め、東西2000km以上、北緯10～15度までの南北500kmにわたる広大な海域で、北赤道海流に沿い、１リットル当たり

図19 ビキニ周辺表面海水の放射能の水平分布（1954年、俊鶻丸調査）

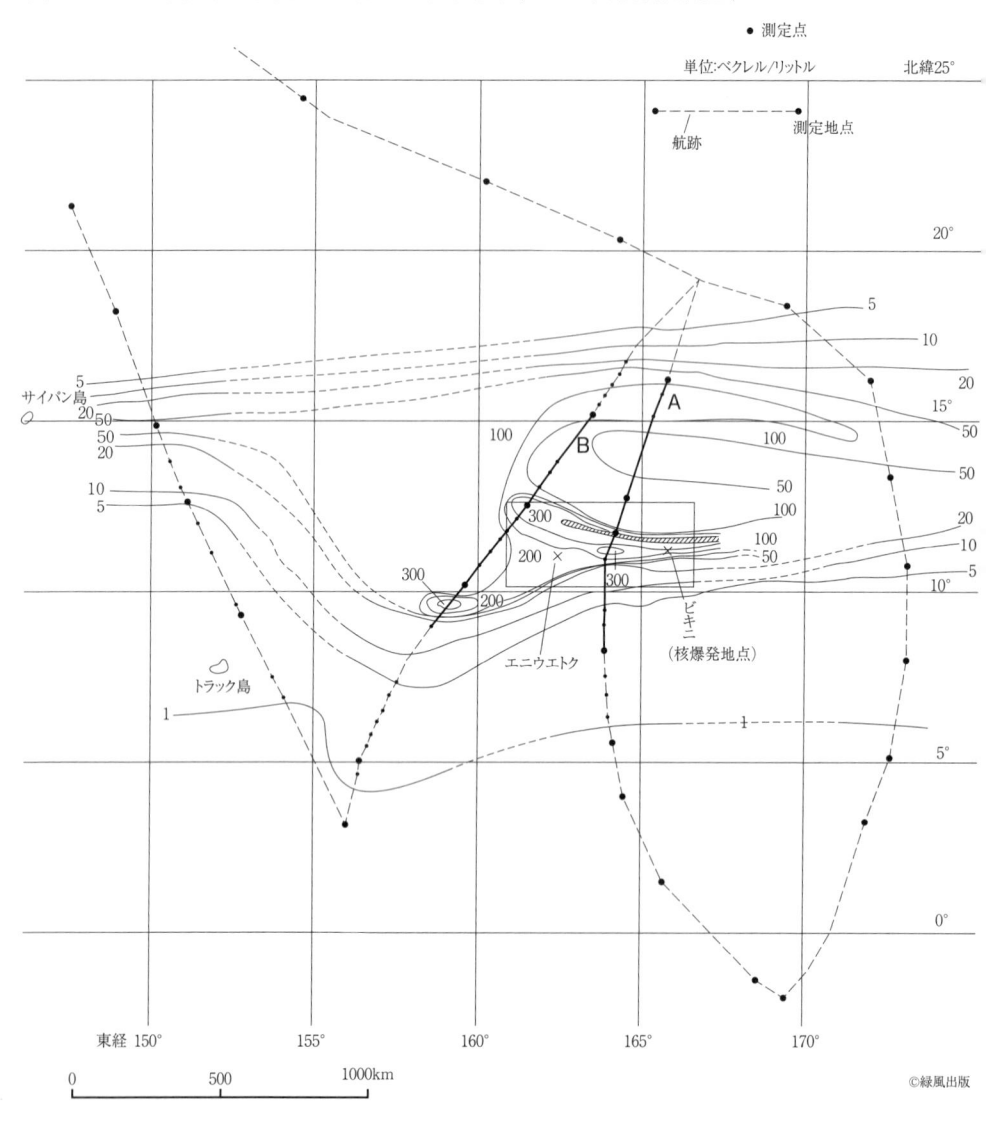

106　第3章　大気圏核爆発による海洋の放射能汚染

図20 ビキニ周辺の海水中放射能の鉛直断面図（1954年、俊鶻丸調査）

A) ビキニ環礁西方150kmの南北断面
（ベクレル／リットル）
B) ビキニ環礁西方570kmの南北断面
（ベクレル／リットル）

単位：ベクレル／リットル
St：観測地点番号（図18）
H：より高値

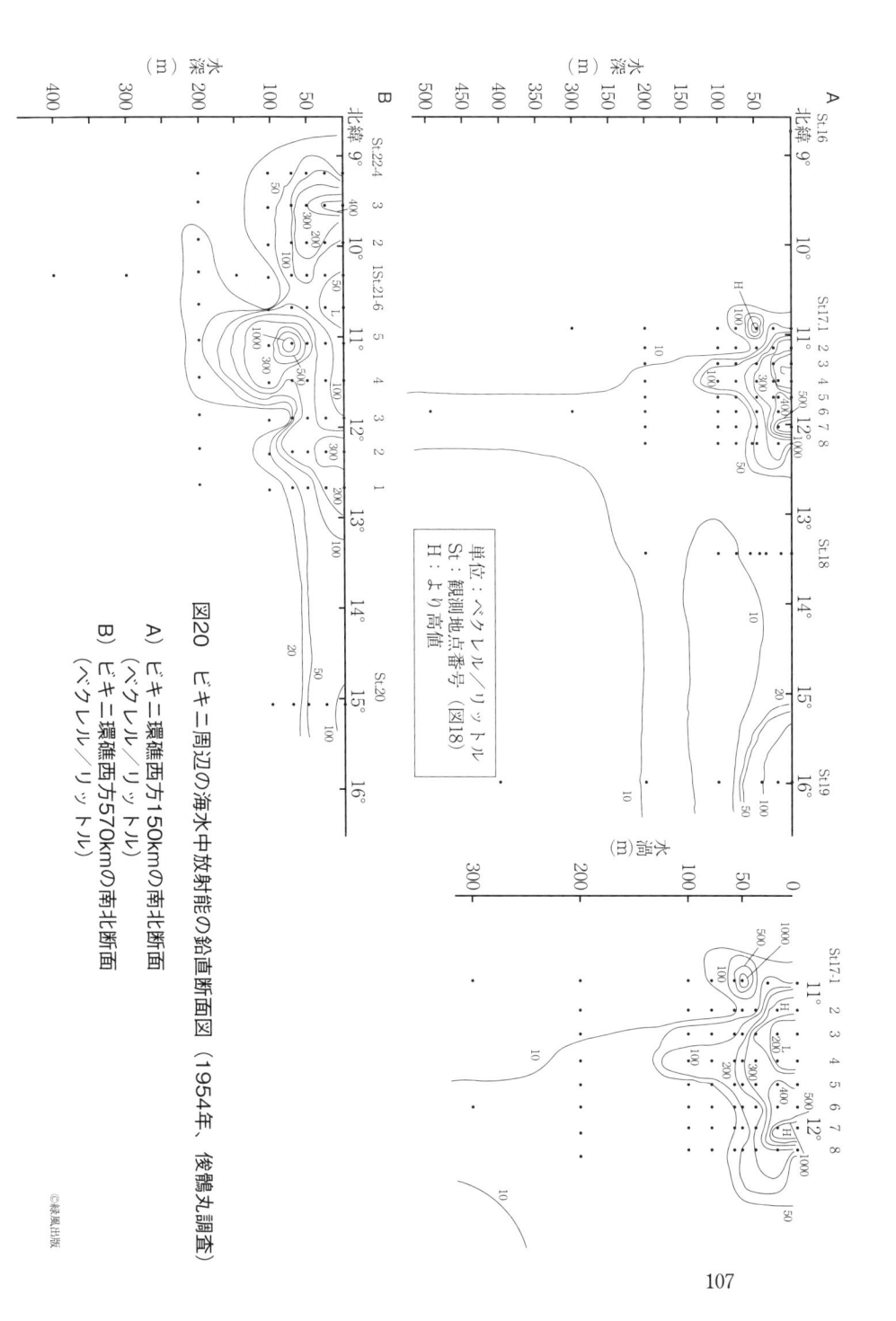

50〜200ベクレルとかなり高濃度の放射能に汚染された海水がビキニ環礁から西に帯状に広がっていることが浮き彫りになった。ビキニ環礁から西に2000km以上は離れたサイパン島周辺でも50ベクレルという値があることは、驚くべきことである。その中でも、ビキニ環礁の北に南北幅100km、東西長、約600kmにわたり、300〜1200ベクレルという極めて濃度の高い帯がみられる。さらにエニウエトク環礁を越したあたりから、一部は北ないし北東に向けて張り出し、1リットル当たり100ベクレルを超える海域が幅100km、長さ1000kmにもわたって帯状に東に延びている。これは、先にみたように、Aの海域に東向きの流れ、ないしは時計回りの流れが存在するために起きていたと推論されている。

　北緯10度付近に沿った、北赤道海流と赤道反流の東西に長い境界域では、恒常的な潮境が形成され、表面水の収束に伴い放射能が高くなっている。北赤道海流が、大きく蛇行しながら西に流れているのに対応して、放射能の帯も大きく蛇行している。

　鉛直断面図からは、水深100〜200mの厚みで、海流系によって見事に区分された汚染水が確認される。ビキニ環礁から西に150kmのA断面の測定点17（図20のSt.17）から18にかけての海域では、表層から水深100mの厚さで1リットル当たり100ベクレルを超す放射能がみられる。さらにビキニ環礁から西に570kmのB断面の測定点21付近では、表層よりも水深100m前後のところに、1リットル当たり300〜400ベクレルという高濃度の放射能が確認される。赤道反流との潮境域では、海水の収束に伴う鉛直流が発生し、鉛直方向の混合も進んでいる様子がわかる。もう一つの特徴は、広大な範囲に拡散しているのと裏腹に、高濃度が保持されたままのパッチ状の水塊が各所にみられ、相当長期にわたって保持されている様子もうかがえる。つまり、あまり混じらないのである。広大な領域への拡散は、主に流れによる移流が効いているものと考えられる。

　これらは、核実験から1〜2カ月後の断面を切りとったものにすぎず、汚染の全体像を捉えているとは言い難いが、核実験に伴う海水の広域的な汚染が確認された世界で最初の調査結果であろう。図は、北赤道海流のゆっくりしてはいるが、一方向に一定の安定した流れにのって、放射能が、大挙、西に向けて移動している状態を捉えている。いずれ、北太平洋

表8 稚魚網採取大型プランクトンの放射能(1954年)　　(単位:ベクレル/生重量g)

観測地点	5	8	16	17	21	26	27
月　日	5月30日	6月2日	6月11日	6月12日	6月20日	6月27日	6月28日
プランクトンの種類							
放線虫類	46	87	39				
クラゲ類	20	0	0	590	61	0	11
カツオノエボシ			9	500	180		
橈脚類	399	10	7	1400	890	17	59
翼足類					<16500		1870
矢虫類	41	1	0	830	110	10	37
サルパ類	142			796	157	35	

亜熱帯循環流により、フイリピン、ひいては沖縄、日本列島周辺へと運ばれていくであろうことが示唆される。

また北緯3〜10度に分布する東向きに流れる赤道反流域でも、低濃度ではあるが、1〜5ベクレル程度の汚染が広い範囲で確認された。しかし赤道を越えた南側の南赤道海流では、ほとんど検出されていない。これにより、海流系の間の潮境域によって、物質の輸送が遮断されている様子も浮き彫りになった。こうして1回目の核実験から90日近く経過している中で、赤道反流域も含めれば、東西2000km、南北1000km以上に渡る広大な海域で海水が放射能で汚染されていたことが判明したのである。

2　プランクトンや魚類による生物濃縮

多くの測定点で、プランクトン、魚類、イカなどの生物の汚染調査も行なわれた。稚魚網で採取したプランクトンごとの放射能をまとめたのが表8である。プランクトンの放射能の強さは、種類により大きな違いがみられる。最高濃度を記録した測定点21を見ると、翼足類（よくそくるい）が最も高く、橈脚類（とうきゃくるい）がこれに次ぎ、サルパ、矢虫の順に低くなり、クラゲが最も低い。原索動物ホヤの近縁であるサルパ類は、「体の一部である褐色の内臓だけをとると放射能は極めて強く、寒天質様の透明部は弱かった」（俊鶻丸調査報告書）。ある例では、生重量1グラムの試料に換算して、内臓が1740ベクレルなのに対して、体はわずかに28ベクレルにすぎなかった。

海水と大型プランクトンの放射能の強さを比較したのが表9である。こ

表9 海水と大型プランクトンの放射能の比較 (1954年)

観測地点	測定日	海水中濃度（ベクレル/リットル）			プランクトン（ベクレル/生重量g）	
		表面	50m深	最高値	有尾類	橈脚類
5	5月29日	33			41	
6	5月30日	98		98	107	40
7	6月1日	6	8	8	11	14
8	6月2日	2			1	6
9	6月3日	1			0	1
12	6月7日	0			0	0
15	6月10日	1			0	1
16	6月11日	2.2			0	7
17	6月12日	18	1260	1260	830	1400
17	6月12日	1210	200	1320		
18	6月13日	15	18	18	61	41
19	6月14日	142	92	142	140	214
20	6月19日	105	89	105	89	283
21	6月20日	283	72	283	203	894
22	6月21日	46	159	170	148	423
23	6月23日	4	2	4	3	2
24	6月24日	0.2	1.1	2	0	1
26	6月27日	2	2	15	10	17
27	6月28日	76	39	76	37	61

© 緑風出版

れをもとに、プランクトンの放射能と海水の放射能との相関をみると、プランクトン中の放射能は、表面海水との相関は悪いが、50m深や最高値（同一地点における海面から水深200mまでのいくつかの測定値の中）との相関係数は0.85で、かなり良い相関がある。これは、プランクトンの汚染が、海水の汚染状態に密接な関係があり、海水の汚染の程度を示す良い尺度になることを示唆している。種類によって放射能の強さに差のあることは、「表面積、水分含量、体成分の相違、運動性、餌の種類、あるいは摂取量」などの違いによるであろうと推測されている。いずれにせよ、プランクトンの濃度は海水濃度に比べると約1千〜1万倍にもなっていることが判明した。

汚染魚の漁獲位置を図18-aに示したが、魚の放射能の強さは、海水や

プランクトンの汚染状態に極めてよく対応している。ビキニ環礁を挟んで流れる北赤道海流で取れた魚は、すべて汚染されている。これに対し赤道反流で取れた魚の汚染レベルは急激に低下し、南赤道海流では、ほとんど汚染されていない。魚の汚染状況は、海水の汚染をそのまま反映し、海流系によって明確に区分されている。最大の汚染が確認された6月12日には、ビキニ環礁から西方約150km付近で、海水123〜350ベクレル/リットル、プランクトン420〜1570ベクレル/g、イカ1440ベクレル/gなど驚くべき数値が出ている。

さらに同一魚体の中でも、器官により著しい違いがみられた。カツオ、マグロの器官ごとの分析結果を表10に示す。肝臓、幽門垂、脾臓、胃の内容物、腎臓では、極めて高濃度であり、エラおよび血液がこれに次ぎ、筋肉、骨、皮膚などの濃度は内臓の1000分の1以下である。カツオの肝臓では1グラム当たり7200〜10500ベクレルであり、これは海水の実に6万〜8万倍である。ここには、当時、まだ常識になっていなかった食物連鎖に伴う生物濃縮が明確に示されている。

三宅[※8]によると、このときの主要な物質は、高速中性子が、タンパーに使われていた亜鉛などに衝突してできた誘導放射能であったとされている。福島やチェルノブイリで主に問題となっている物質は、核分裂生成物であるセシウムなどである。セシウムは、化学的性質がカリウムに似ており、食物連鎖に伴う生物濃縮はせいぜい10〜100倍と言われていて、ビキニと福島では事情が異なっているかもしれない。それを勘案したとしても、ビキニ被曝における生物濃縮、とりわけ、プランクトンやカツオの内臓への蓄積などの事実は、水産生物の調査においては、生物濃縮に関して相当な警戒をして調査に臨むべきことを教えている。ビキニの体験は、今日においても、ある程度大型の魚類については部位ごとに分析するべきであることを示唆している。

4　マグロなど漁獲物の汚染

厚生省は、第五福竜丸被災以降、3月18日からマーシャル諸島付近海

※8　注2と同じ。

表10　マグロ、カツオの魚体各部の放射能の強さ (1954年)　　（ベクレル/g）

部位	キハダ	メバチ	ビンナガ	カツオ	クロカジキ
胃壁	55	76	140	1300	20
幽門垂	330	460	610	6300	480
腸管	—	190	130	1050	35
腸内容	3900	700	570	6100	220
肝臓	650	870	1030	10500	330
胆汁	310	280	39	790	550
脾臓	700	100	—	1570	46
腎臓	46	110	630	4600	94
心臓	35	12	28	390	—
血液	140	44	150	—	52
エラ	110	52	74	410	70
皮(うろこ含)	28	6	22	160	11
骨	3.3	8.7	8.7	92	—
血合肉	24	9.1	17	130	5.5
筋肉	3.9	2.6	2.2	35	2.6
精巣	220	11	31	280	28
サーベイ(腹腔内)	1700	650	1500	5200	390

＊マグロ、カジキ類は、1954年6月12日、測点17（ビキニ西方150kmの海域）。カツオは、1954年6月19日、測点20にて漁獲したもの1例ずつ。ただし結果は、試料生重量1gを乾燥後の1分当たりのカウント数をもとに、ベクレルに換算。

Ⓒ 緑風出版

　域で操業または、航行中の船舶について、5つの港を指定して漁船からの聞き取り調査を始めた。入港船舶から操業海域などに関する報告を受け、乗員、船体、漁獲物の放射能を検査し、基準を設けて漁獲物を廃棄する処置を取った。以下、1959年5月、原子力委員会編『放射能調査の展望』、厚生省「放射能汚染魚類に関する資料」（1954.11.14）[※9]に基づいて、その概要をふりかえる。

　指定5港とは、塩釜、三崎、東京、清水、焼津の漁港である。検査は、魚体表面から10cmの距離で、ガイガー・ミュラー（GM）計数管の着いた測定装置で検査し、100cpm以上の放射能を示したものを汚染魚として廃棄処分した。その結果、「マグロ消費が激減し、魚価が急落、漁業経営の困難」という悪循環が起こった。そこで、損失補償問題も絡んで、科学的な調査の必要性が高まった。5月半ばから水産庁による「俊鶻丸調査」

※9　厚生省（1954年11月14日）:「放射能汚染魚類に関する資料」、原子力委員会。編『放射能調査の展望』所収（1954年5月）。

表 11 水揚げ魚類放射能検知成績 (1954 年)

区分 月別	指定 5 港におけるもの					大阪港他 13 港におけるもの		合計	
	検査隻数	検査総水揚量（貫）	廃棄隻数	廃棄数量（貫）	廃棄 %	廃棄隻数	廃棄数量（貫）	廃棄隻数	廃棄数量（貫）
3	139	1,603,615	2	16,401.6	1.0	0	0	2	16,401.6
4	375	3,305,435	17	9,104	0.3	0	0	17	9,104
5	179	2,553,605	36	4,268.3	0.2	50	2,603.4	86	6,871.7
6	277	2,078,093.4	41	8,856.7	0.4	85	6,582	126	15,438.7
7	319	2,979,645.9	19	2,033.3	0.07	54	2,843	73	4,876.3
8	345	2,290,589.4	32	17,552.7	0.8	30	1,712.2	62	19,264.9
9	280	1,856,048.9	38	12,031.5	0.65	31	6,550.4	69	18,581.9
10	238	2,313,927.2	53	20,644.9	0.89	61	3,416	114	24,060.9
11			74	4,586.5		60	2,631.2	134	7,217.7
計	2,152	18,980,959.6	312	95,479.5	0.5	371	26,338.2	683	121,817.7

3月～10月まで検査隻数　　　　　　　　　2,152 隻
　　　　　検査総水揚量　　　　　　　　　18,980,959.6 貫
　　　　　廃棄魚類を出した隻数　　　　　238 隻　11.1%（総検査隻数に対するもの）
　　　　　廃棄数量　　　　　　　　　　　90,893 貫　0.5%（総水揚量に対するもの）

表 12　水揚げ魚類放射能測定数値の推移 (1954 年)

cpm（1 分当りのカウント数）　　　　　　　　　　　　　　　　　　　　(1)（指定 5 港におけるもの）

区分＼月別	3月	4月	5月	6月	7月	8月	9月	10月	11月	計
5,000cpm 以上	—	—	—	—	3.0	3.5	1.1	1.3	—	0.8
3,000cpm 以上	—	—	0.7	—	9.1	5.8	2.2	0.6	1.1	1.8
1,000cpm 以上	—	1.8	5.8	21.8	15.1	22.4	32.6	14.4	11.8	14.3
500cpm 以上	—	1.8	10.3	21.8	21.2	29.4	30.3	22.9	22.6	18.8
10cpm 以上	100	96.4	83.2	56.5	51.5	38.8	33.7	60.8	64.5	64.3
計	100%	100%	100%	100%	100%	100%	100%	100%	100%	100%

(2)（指定 5 港以外の港におけるもの）

区分＼月別	3月	4月	5月	6月	7月	8月	9月	10月	11月	計
3,000cpm 以上			—	0.5	0.9	—	—	—	—	0.2
1,000cpm 以上			6.6	2.6	4.2	6.5	8.9	10.2	5.2	5.6
500cpm 以上			19.7	11.3	20.3	12.9	17.8	16.9	10.5	15.7
100cpm 以上			73.7	85.6	74.6	80.6	73.3	72.9	84.3	78.5
計			100%	100%	100%	100%	100%	100%	100%	100%

但し、この数字は、廃棄船毎に廃棄された魚種別に区分された Count のうちから同一魚種別にその一団についての最高 Count をとったものを基にしてその 100 分比を算出した。従って、この数値は、廃棄まで 3 等について 1 本 1 本の分類はしていない。〔原文のまま〕

が行なわれることとなった一つの背景はここにある。

　5月中旬になると、日本近海で取れたマグロからも放射能が検出されるようになり、上記指定5港以外の大阪、和歌山、高知、徳島、長崎、鹿児島の各府県でも、それぞれの港で水揚げされるマグロ類について自発的に検査を行なうようになった。各港での汚染魚数の月ごとの廃棄隻数、廃棄数量を示したのが表11である。表12は、放射能測定数値の月ごとの推移をまとめたものである。

　3～4月上旬では、体表のみに汚染が強いものが多く、第五福竜丸の漁獲物のように、魚の取り扱い中に大気からの降灰が付着したことによる汚染と考えられる。4月中旬になると、体表の汚染は減り、主として内臓に著しく高い放射能が検知されるようになった。これは、「俊鶻丸」の調査結果から推測すると、マグロが、汚染した生物を餌として食べたことによる汚染であろう。この頃から、汚染魚は散発的になるが、逆にカウント数は高いものが現われるようになっていった。検査基準に基づく測定で、500～1500cpm のものが現われた。この頃、台湾沖で強い放射能を持ったシイラがとれている。

　「俊鶻丸」の海洋汚染調査で海水から放射能が検知され始めたのと同じ時期の6月から7月にかけて、遠洋マグロ漁船の数が減り、近海マグロ漁船の操業が増えていく。この頃、台湾周辺の汚染魚群は北上する傾向がみられ、九州付近にまで及んだ。

　8月以降は、トラック島、グアム島で操業した漁船の入港が増え、再び1隻当たりの廃棄数量が増加していく。同時にマグロから従来にない高濃度の放射能が検知された。例えば、8月17日の東京港では5020cpm、同18日の三崎港で7360cpm というケースがあった。1隻当たりの廃棄量も3～14トンと増え、それまでの焼却処分では間に合わなくなり、海洋投棄を余儀なくされた。

　さらに8月23日、三崎の城が島沖で1尾、同31日、茨城県大津沖および横須賀市佐島沖で各1尾、9月4日、茨城県那珂湊、および福島県小名浜、原釜（相馬市）で各1尾の汚染魚が発見され、伊豆半島、房総半島、茨城県、福島県の沿岸近くで強く汚染されたマグロが相次いで取れた。これらはどれも沖合10～15海里でとれているが、ビキニ周辺で汚染された

マグロが、北赤道海流や黒潮に乗って、はるばる日本列島の東の端まで回遊してきたものとして注目された。

その後、汚染マグロは各地に分散し、廃棄量も減っていく。9月過ぎには南赤道海流を越えて、南半球のソロモン諸島付近でとれたものにも放射能が一部検出された。12月になり、「国際放射線防護委員会の許容濃度を基準とした厚生省の基準に照らし、廃棄の必要性が求められなくなった」として、12月31日をもって検査は打ち切られた。放射能の半減期を考慮すると、この判断の妥当性に関しては疑問が残る。

こうして、汚染魚を水揚げした船は856隻、廃棄された魚は486トンに及んだ。高知県ビキニ水爆実験被災調査団[※10]によると、マグロを廃棄した船は、延べ992隻、実数で548隻にのぼるとも報告されていて、厚生省の数字とは若干の違いがある。

水産庁調査研究部[※11]は、これらのことを以下のようにまとめている。

・廃棄率を魚種別にみると、バショウカジキが最も大きく、キハダ、クロカジキなどがこれに次ぎ、全く廃棄されていないクロマグロ、インドマグロも認められる。
・廃棄率は全海域を通じて、水爆実験直後よりも、数カ月遅れて最高となる。
・廃棄率は海域によって著しく異なり、北赤道海流域で最も大きく、赤道反流域ではその1/2〜1/3となり、南赤道海流域では極めて小さい。北太平洋流域は、かなり大きい廃棄率であるが、黒潮、小笠原海流など、北赤道海流と直接に関連した海流の影響によるものと考えられる。
・廃棄魚の大きさは9月を転機として著しく相違し、10月以降は、それまで見られなかった小型魚に廃棄魚が見られる。
・一定海域における魚種別、季節別の廃棄魚の出現状況を見ると、全く汚染の見られないもの、廃棄率の著しく大きいものなどが混然としており、汚染魚の広範な海域からの出現は、主としてこれらの魚類の回遊に由来すると考えられる。

※10　高知県ビキニ水爆実験被災調査団編（2004）:「もう一つのビキニ事件」、平和文化。
※11　水産庁調査研究部（1955年11月）:「昭和29年におけるビキニ海域の放射能影響調査報告」（第2揖）。

・魚種による差異は、それぞれの生態と密接に関係していると考えられるが、これを実証するほどの知見は得られていない。それでも、その生活史の過程において、一度も北赤道海流域に関係を持たぬと考えられるものには汚染魚が出現する可能性は極めて少ない。主要な漁場が北赤道海流以外の海流系に形成されるような魚種（ビンナガ）の場合でも、生活史のある過程を北赤道海流域に過ごすと思われるものでは、多少に関わらず汚染魚が出現している。

　厚生省が作成した1954年3月16日から8月31日までの期間中に汚染魚が漁獲された位置の分布図（図21）を示す。この図は、汚染魚が北太平洋亜熱帯循環流に沿って広く分布していることを示している。ビキニの海域よりも、日本列島の周辺、特に沖縄や九州南方に集中していることが目立っている。また核爆発海域の東も含めて北赤道海流の流域に広く分散し、赤道より南側では、ほとんど漁獲されていない。参考として原子力委員会編の報告資料※12に掲載された当時の海流図を図22に示す。これから汚染マグロの分布が海流系と驚くほどよく対応していることがわかる。これは、「死の灰」や汚染魚が、地球上でも最大規模の海流系に乗って移動し、拡散していたことを示唆している。海洋物理学からの顧問団の1人であった東京水産大学の宇田道隆教授は、国会での報告において、「北赤道流、それから赤道反流、南赤道流というような区域が、非常に汚染の境をはっきり見せている」と述べ、放射能の輸送や拡散、そして分布を物理場が決定していることを強調している。※13

　第2章で、世界三大漁場を形成する惑星海流について述べたが、ビキニ実験での汚染魚の場合も、惑星海流にのって汚染マグロが移動している様子が浮き彫りになった。水そのものが移動してきた面もあるが、魚が海流にのりながら自らの力でも回遊することの両方の要素が重なった結果であろう。

　いずれにしろ、どこかで毒物を投入すると、それは思いもよらない形

※12　注9と同じ。
※13　三宅泰雄、檜山義夫、草野信男監修（1976年）：『ビキニ水爆被災資料集』（東京大学出版会）所収。

図21　1954年3月16日から8月31日までの期間に廃棄処分をうけた漁船の操業海域図（厚生省）

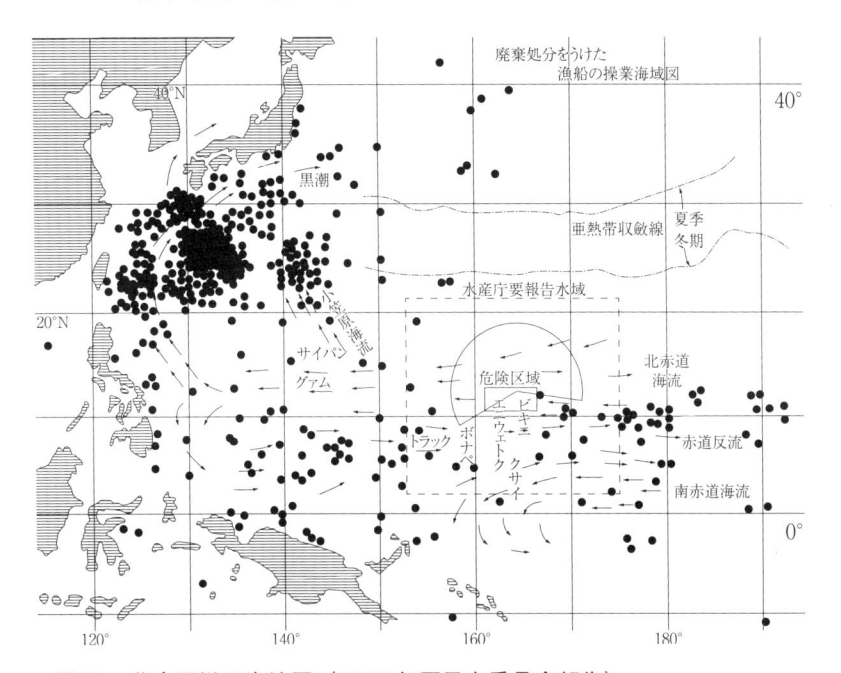

図22　北太平洋の海流図（1955年原子力委員会報告）

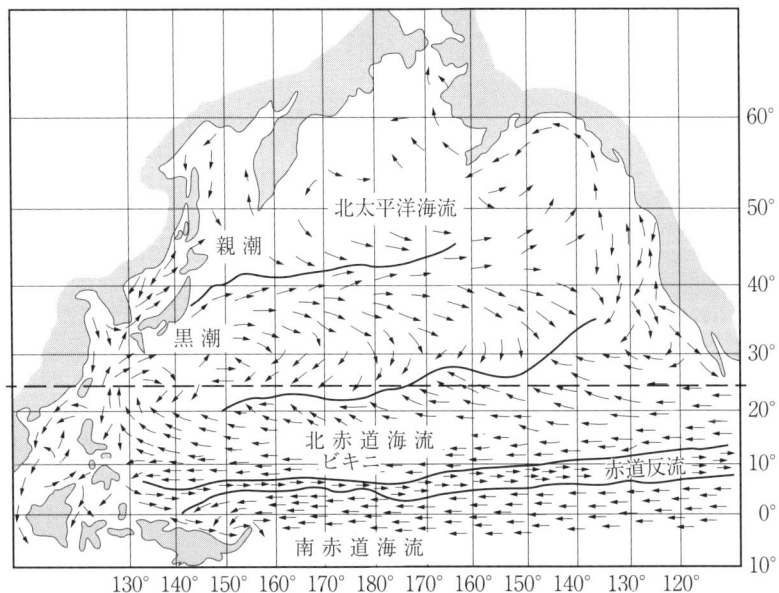

で、環境の隅々にまで輸送されることが如実に示されている。本来なら、恵みを運ぶ惑星規模の海流が、延々と有害な物質と汚染された魚を運んでくるのである。よりによって、ビキニで被災した第五福竜丸の母国である日本列島に向けて、放射能に汚染された多くのマグロが移動していたとは、なんとも皮肉なことである。

5 米原子力委員会の追跡調査

俊鶻丸調査の衝撃を受け、現状を独自に確認し、対処方法を判断するため、米国は6回にわたる追跡調査「トロール」を行なった。その1回目は、ビキニ実験からほぼ1年がたった1955年3月から4月にかけての、米沿岸警備隊のカッターであるタニー号による追跡調査である。同船は、3月9日、マーシャル諸島付近を出発し、4月14日に横須賀に着くまで、北太平洋亜熱帯循環流に沿った46点において、深さ600mまで採水し、海水とプランクトンの放射能を調査した。この報告書に関する三宅の要約[※14]を引用する。

① 太平洋の広い領域で、海水とプランクトンに弱い放射能が見いだされた。海水中の放射能は、0 – 570dpm/ ℓ で、プランクトンの放射能は3 – 140dpm/g（生）であった。dpmは原子崩壊変数といい、cpmに効率を掛けて求める。

② 海水中の放射能は、北赤道海流の上で強く、最も強かったのはルソン島（フィリピン）の沿岸で、深さ600mまでの平均値が190dpm/ ℓ であった。

③ 魚で最も放射能が強かったのは、マグロ3.5cpm/gであった。

また、ローレンR. ドナルドソンら[※15]は、同じトロール作戦の結論として以下のことを強調している。

① 米国の追跡調査は、一般に日本による最初の調査結果（俊鶻丸調査）

※14 注2と同じ。
※15 Lauren R. Donaldson, Allyn H. Seytnour, and Ahtnad E. Nevissi'k (1997)；「UNIVERSITY OF WASHINGTON'S RADIOECOLOGICAL STUDIES IN THE MARSHALL ISLANDS, 1946-1977」。

を再確認するものであった。
② プランクトンは、海水の放射能汚染に関する最良の指標である。プランクトンの水に対する濃縮係数は爆発の直後で約1万倍であるが、半減期の短い放射性核種の崩壊、及び稀釈により、時間とともに急速に減少する。
③ 核実験による放射性降下物の人間と生物に与える障害に関しては、海洋におけるはるかに大きな稀釈、および海洋深層水の滞留時間が極めて長いことから、陸よりも海洋への影響の方が小さいと考えられる。

ドナルドソンも述べているように、これらは、既に俊鶻丸が見出していたことの延長にある認識である。俊鶻丸の調査から9カ月後くらいであり、海水の汚染の中心は、フィリピン海に移り、かつ水深が600mへと深くなっていることがわかる。しかし、米原子力委員会は、事の重大性を認識しはしたが、一方では、海洋の容量の大きさや、海水の交換時間が長いことから大きな問題とはならないとの見解を表明している。

ここでは、1954年、ビキニ環礁での大気圏核爆発による影響を通じて核爆発に伴う海洋の放射能汚染を見た。第1章1.2 2-1で見たように、大洋の島嶼部で行なわれた75回の大気圏核実験の爆発力の99%は、米国によるビキニ、エニウエトク環礁での実験によるものである。従って、本章で見た1954年のビキニにおける事例は、大気圏核実験に伴う海洋の放射能汚染の主要部分をとらえているとみなして差し支えないであろう。

大気には貿易風と偏西風という地球規模の循環流がある。これに対応して海洋には風によって巨大な循環流が形成される。北太平洋亜熱帯循環流は、熱の不均一分布をならす方向で、赤道から極に向けエネルギーを輸送するメカニズムの一つである。北半球では、地球自転の効果が加わり、太平洋の北半分の全体に広がる時計回りの大きな循環流となる。日本列島は、この循環流の西端から北西部に位置し、西岸境界流により流れが強くなる部分が日本海流つまり黒潮である。第2章では、福島事態による海洋汚染に関わって、三陸沖漁場が世界三大漁場となる要因として、「惑星海流」とでもいうべき壮大な現象である循環流と、黒潮と親潮の接する潮境の存在の重要性を指摘した。ビキニ汚染マグロの分布は、まさに、この

「惑星海流」たる北太平洋の亜熱帯循環流によって、海水が移動し、汚染マグロが移動している様子を見事に浮き彫りにしている。

ビキニで、瞬間的に放出された放射性物質が、北太平洋亜熱帯循環流に乗り、移動し、6～9カ月後には日本列島周辺に到達していた。本来、栄養や食料となる海洋生物などの恵みを運ぶはずの海流が、グアム、フィリピン、台湾、沖縄、日本へとビキニ発の「死の灰」と汚染魚を輸送していたのである。その間、動・植物プランクトン、小魚、大型魚と食物連鎖における濃縮過程を経て、マグロなどの大型魚になると高濃度の放射能が蓄積されていた。マグロの産卵地が南西諸島からフィリピン東方にかけての海域にあるという説もあり、魚類の生活史との関連性において、「死の灰」の分布を考えることは重要である。また、この事実と俊鶻丸調査の様々な生物も汚染されていた事実を重ねると、調査記録はないが、マグロと同様に、生態系を構成するあらゆる海洋生物が、多かれ少なかれ同じような汚染をこうむっていたと考えるほうが事実に近いであろう。

第4章 平常時の再処理工場・原発による海洋の放射能汚染
——北東大西洋をけがす日本発の「死の灰」——

核爆発や原発事故より少ないとは言え、平常時における核燃料サイクル施設からも、相当量の放射性物質が環境中に放出されている。平常時の核関連施設で最も重大な汚染源は再処理工場である。

　軽水炉原発を稼働させた時、炉内には核分裂生成物の他に　極めて重要な物質がつくられている。濃縮ウラン燃料の大半を占める燃えないウラン 238 に中性子が当たってプルトニウムという核分裂性の新たな物質が生成されているのである。悪魔の元素と名付けられたこの物質は、言うまでも無く長崎型原爆の原料である。再処理とは、原子炉で使用した燃料棒に混在するプルトニウムと「死の灰」を分離し、利用可能なプルトニウムを抽出し、「死の灰」は不要なものとして除去する工程である。言いかえれば再処理工場は、核分裂生成物とプルトニウムなどを分離する核化学工場である。従って、そこからの排水や排気に高濃度の放射能が含まれることは必然である。その一部が液体として海洋に流出することになる。本章では、核関連施設、なかでも再処理工場からの平常時における海洋への放射能放出の問題を見ていく。

　2010 年 1 月現在、世界には 30 カ国、432 基、電気出力 3 億 8942 万 kw の原発が存在する。それらの国のなかで、再処理施設を持つのは、フランス、イギリス、ロシア、インド、そして日本の 5 カ国だけである。かつては、米国、ドイツ、ベルギーにもあったが、今は閉鎖している。日本を除いてすべて核兵器を保有する国である。そもそも核不拡散条約（NPT）加盟の前提条件は、核兵器の拡散に関与しないことであるから、非核兵器国は、再処理をすること自身がご法度になっている。そうした中、日本は、例外中の例外として再処理が容認されている。これらの中で、実質的に長年にわたり大規模に操業してきたのはイギリス、フランスである。

　イギリスでは、西海岸のアイリッシュ海に面したセラフィールドに核燃料公社（BNFL）（2005 年 4 月から原子力廃止措置機関（NDA）に移行）がいくつかの施設を運用してきた。現在は、ガス炉燃料用の B205（1964 年操業開始、年間処理量 1500 トン）、海外顧客用の THORP（ソープ）（1994 年操業開始、軽水炉用で年間処理量は当初 1200 トンと言われたが、現在は 850 トン）

がある[※1]。

フランスは、ドーバー海峡に面したラ・アーグにAREVANCが、UP2―800（1966年から天然ウラン用のUP2を稼働し、UP2―400を経て、1992年からUP2-800へと増強してきた）、及びUP3（海外顧客用として1990年から操業）という共に年間処理量1000トンの2つの施設を稼働させている。

再処理工場を中心とした欧州の核施設による広い範囲にわたる海洋汚染の実態は、人類による海洋の放射能汚染を見る上で、基本的な課題である。以下、欧州を例に具体的に見ていきたい。

1　欧州における再処理工場・原発からの液体放射能放出

欧州には、15カ国が参加し、1992年に採択された「北東大西洋の海洋汚染防止に関するオスロ・パリ条約（以下、OSPAR）」がある。加盟国は、ベルギー、デンマーク、フィンランド、フランス、ドイツ、アイスランド、アイルランド、ルクセンブルグ、オランダ、ノルウェー、ポルトガル、スペイン、スウェーデン、スイス、イギリスである。同条約は、1998年にポルトガルのシナトラで開催されたOSPAR委員会閣僚会議において、付属書V「海事領域における生態系と生物多様性の保護と保全」条項が追加採択され、「北東大西洋における海洋生態系と生物多様性の保護と、可能である場合には有害な影響を受けたエリアの回復を行なうこと」が条約締結国に要求されている。その中で核施設からの放射能による海洋汚染も、国際的に監視され、対策の協議が行なわれてきている。イギリス、フランスの再処理工場からの液体放射性物質の海洋流出は、その中心テーマである。

OSPAR委員会の「液体放射性物質の放出量に関する2010年報告書」[※2]により、欧州15カ国が海洋に放出してきている液体放射能放出量の経年変化（表2参照）を、トリチウム、全アルファー、全ベータごとに図23に

※1　原子力資料情報室・原水禁編著（2010）:「破綻したプルトニウム利用」、緑風出版。
※2　OSPAR委員会（2011）:「液体放射性物質の放出量に関する2010年報告書」。

図23-a トリチウム放出量

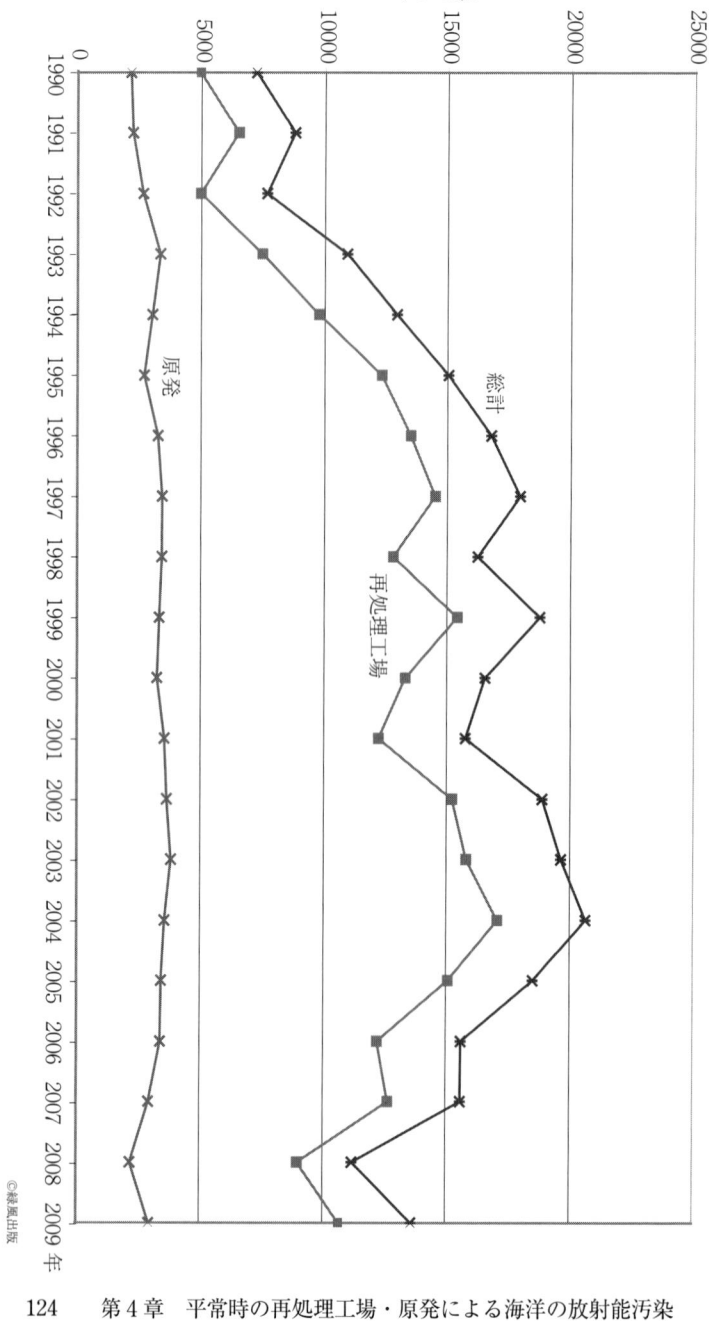

トリチウム放出量（兆ベクレル）

凡例：原発、再処理工場、総計

第4章 平常時の再処理工場・原発による海洋の放射能汚染

図23-b 全アルファ放出量

全アルファ放出量

兆ベクレル

再処理工場
総計
核燃料施設

©緑風出版

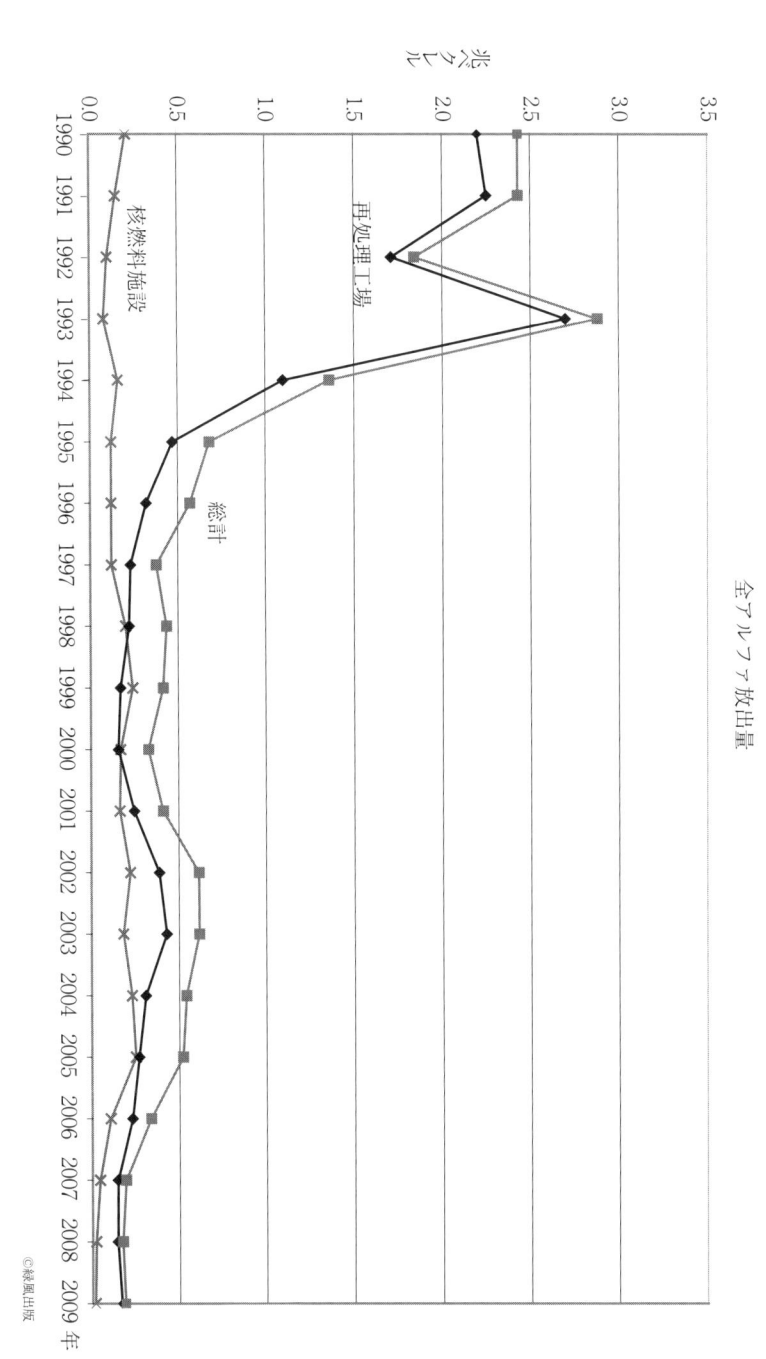

図23-c 全ベータ放出量

全ベータ放出量（兆ベクレル）

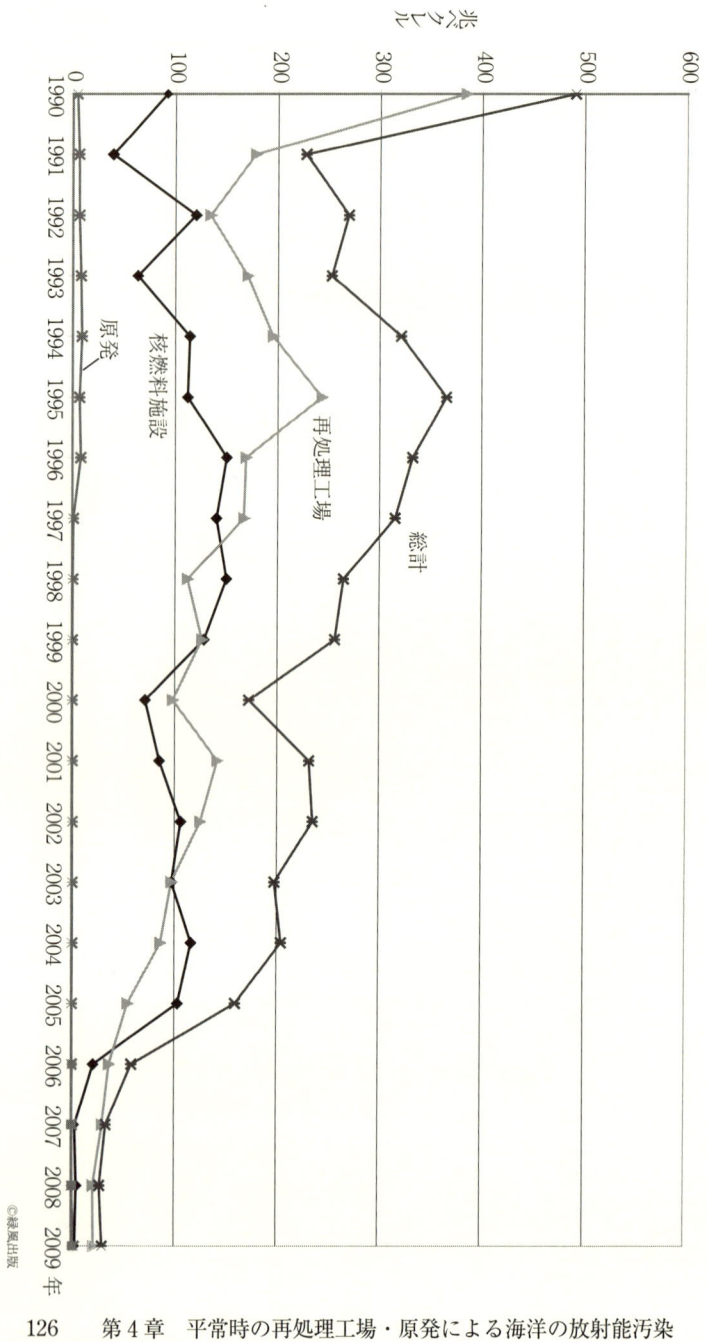

原発／核燃料施設／再処理工場／総計

第4章 平常時の再処理工場・原発による海洋の放射能汚染

示した。

　トリチウム3は、日本語では3重水素と言われるように水素の仲間で、半減期12.3年の核種である。体内では全身に分布し、ベータ線を放出する。総計でみると、1989年に8000兆ベクレルであったが、以後、増加し続け、2004年に最大2万600兆ベクレルとなる。その後は、一定の努力により減少傾向にあり、2009年は1万3600兆ベクレルとなる。合計は変動するにも関わらず、イギリス、フランスの2つの再処理工場が全体のほぼ80％を占める状態が、一貫して続いている。原発は全体の1割強程度を占めており、無視できない量である。

　全アルファとは、アルファ線を放射する物質群で、プルトニウム239,240、アメリシウム241などが含まれる。これらは、半減期が極めて長く、内部被曝が問題になる。1993年がピークで総計2兆8800万ベクレルあったが、数年で急激に減少し、その後、5000億ベクレルを前後し、2007年からはさらに減少している。2009年は総計、1900億ベクレルである。この経年変化は再処理工場による放出の変動に左右されている。90年代前半は、再処理工場が全体の90％を占めていた。再処理工場の操業短縮と停止などにより、放出量が激減する中で、再処理工場の占有率は40〜60％へと落ちてきた。07年から再び占有率が上がり、09年は89％を占めている。次に多いのは核燃料工場で、98年から2005年の間のように全体の40〜60％を占めている時期もあった。しかし09年には全体の9％と低くなっている。

　全ベータは、セシウム、ストロンチウムなどベータ線を放射する物質群である。トリチウムもベータ線を放射するが、放出量が多く、別に扱うので除いている。1995年にピークがあり、総計365兆ベクレルあったが、その後、減少し続け、99年の256兆ベクレル、2004年の204兆ベクレルを経て、09年には30兆ベクレルへと1995年の12分の1程度にまで大幅に減っている。この中で、再処理工場は、年による変動がかなりあるが、全体の50〜80％を占めている。

　2つの再処理工場から放出されている核種ごとの放出量は表1に掲載した。トリチウム3、セシウム137、ストロンチウム90、プルトニウム239、テクネチウム99、アメリシウム241など多岐にわたる核種が含まれてい

る。

　上記の報告書には、OSPARが機能し始めた1990年頃からのデータしかないが、実はセラフィールド再処理工場（旧名ウィンズケール）からの放出量は、1970年代半ばが最も多かった。アイルランド放射線防護研究所（以下、RPII）の「アイリッシュ海における海洋環境の放射能モニタリング2009」[※3]による、セラフィールド再処理工場からのセシウム137の放出量の経年変化が図24である。図によると、セシウム137は、1950年代初めから放出が始まり、1960年代末から急増し、1975年の約5200兆ベクレルをピークに減少を始める。1982年の2000兆ベクレルを経て、1986年に18兆ベクレル、2009年には約4兆ベクレルにまで減っている。ピーク時の1975年と比べれば実に1300分の1である。

　テクネチウム99については、1993年までは0に近かったが、1994年から急増し、1995年に年間190兆ベクレルのピークに達する。その後、減少するが、1994年レベルの状態が慢性化し、2002年は約80兆ベクレルとなる。2009年は3兆ベクレルである。1994年からの増加は、セラフィールド再処理工場で90年代半ばに、プルトニウムなどのアクチニドの除去を目的に「強制アクチニド除去プラント」（EARP）を導入した結果である。

　以上をまとめると、欧州における海洋への放出量は、1970年代に最も多い時期があったが、その後、再処理工場の操業短縮などで一貫して減少傾向にある。放射能量としては、トリチウムが圧倒的に大きく、OSPARの資料から推算すると、イギリス、フランス2つの再処理工場から放出されたトリチウムは、1989年から2008年の20年間に、総計で実に23京ベクレルにのぼる。年平均にすると1京1500兆ベクレルである。福島原発事故での放出量と比べられるほどに、膨大なものである。

2　欧州における海洋の放射能汚染

　イギリス、フランスの再処理工場を中心とした欧州各地の核施設から出

※3　アイルランド放射線防護研究所（RPII）（2011）；「アイリッシュ海における海洋環境の放射能モニタリング2009」。

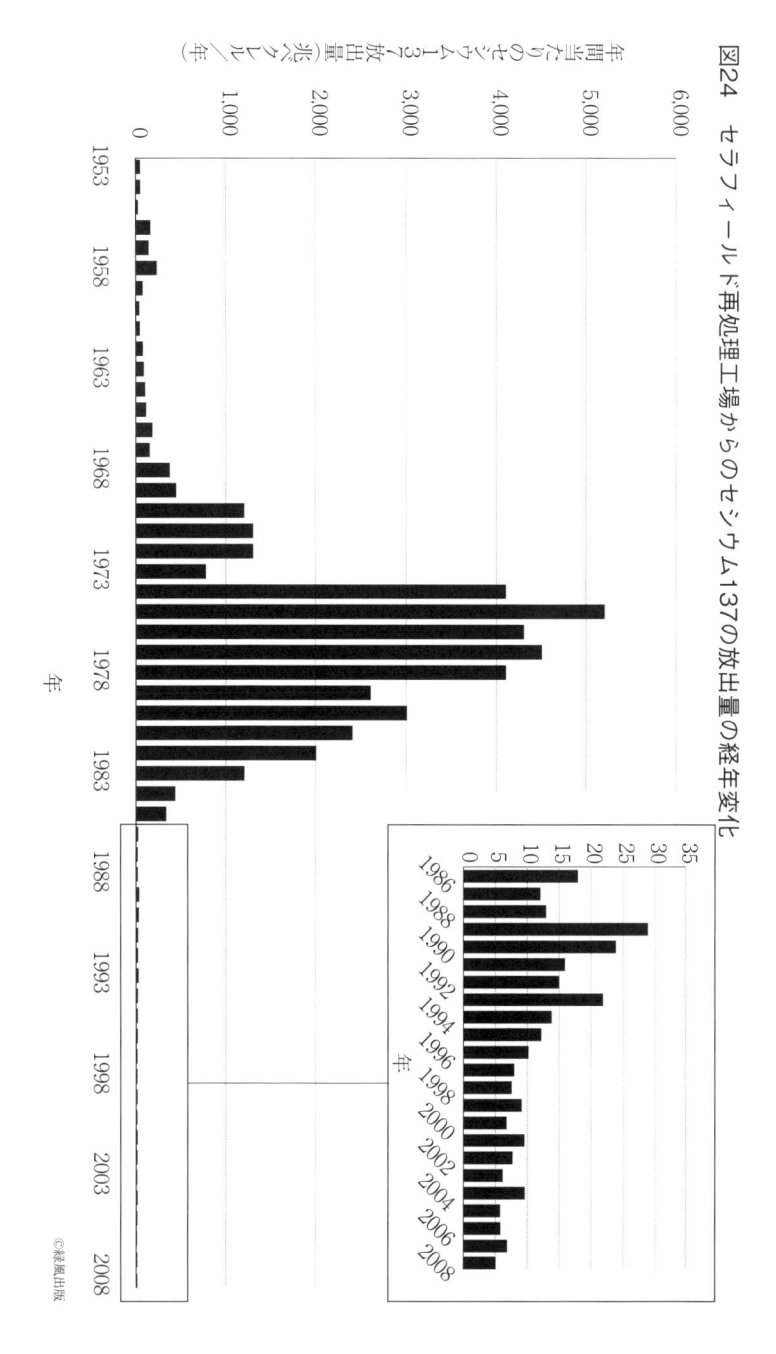

図24 セラフィールド再処理工場からのセシウム137の放出量の経年変化

©緑風出版

る膨大な液体放射能による海洋汚染の実態はどうなっているのか。欧州各国においては、OSPARの取り組みの一環として監視体制がつくられ、各国、ないし海域ごとに、特徴的な監視システムが整備されている。

その中で、最も包括的なものとして、ヨーロッパ委員会のMARINAプロジェクトがある。海を通じた放射能による被曝量を評価するために、海水、魚類、甲殻類、海草および堆積物中の主要な人工放射性核種の分布に関する情報を収集し、評価している。初期のMARINAプロジェクト（1990）は、1985年以前の欧州での海洋放射能に関する情報を検討していた。主に1986年以降に関するものを扱ったMARINA II（2003）報告書[※4]、付録Bに海洋の放射能汚染のデータがまとめられている。以下、主として同報告書に沿って、欧州の各海域ごとの放射能汚染を見ていこう。

まず欧州の海域に対する主な放射能の排出源としては、以下の3つがある。
(1)大気圏核実験からのグローバルな降下物
(2)セラフィールド（イギリス）とラ・アーグ（フランス）の再処理工場からの液体放出
(3)チェルノブイリ原発事故による降下物

このほかにも、原発、核燃料工場、原子力研究施設および北東大西洋での放射性廃棄物の海洋投棄などがある。

このプロジェクトの扱う地理的範囲は、地中海やバルト海からの北東大西洋への流入を含むOSPAR条約によってカバーされた海域である。議論は、すべて作業グループによって定義された地理的な海域区分（図25）ごとの年平均濃度をもとに行なわれている。対象とする核種は、セシウム137（Cs）、テクネチウム99（Tc）、ストロンチウム90（Sr）、プルトニウム239+240（Pu）、アメリシウム241（Am）など放射線被曝で重要な核種、およびヨウ素129（I）、コバルト60（Co）、トリチウム3（H）、ルテニウ

※4　ヨーロッパ委員会（2003）：「MARINA II報告書」、付録B　環境資料。
http://ec.europa.eu/energy/nuclear/radioprotection/publication/doc/132_annex_b_en.pdf

図25-a　MARINA-Ⅱモデルにおける北ヨーロッパの海域区分

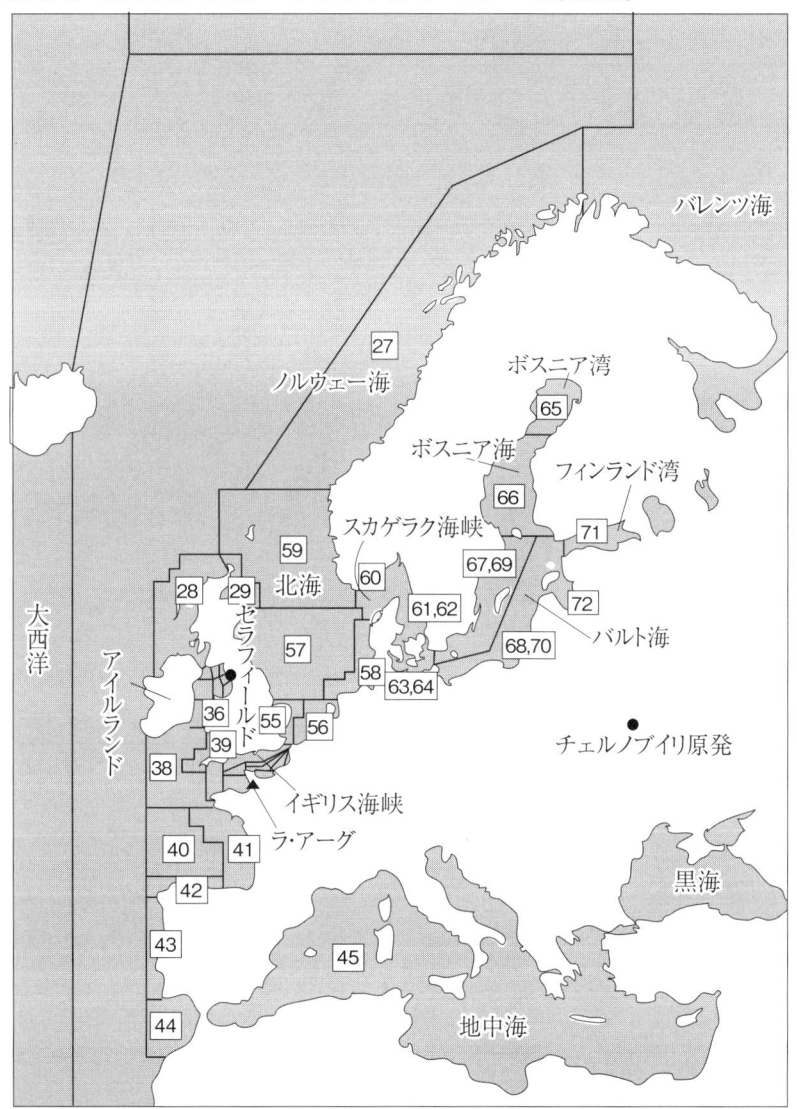

図25-b　MARINA-IIモデルにおけるアイリッシュ海の海域区分

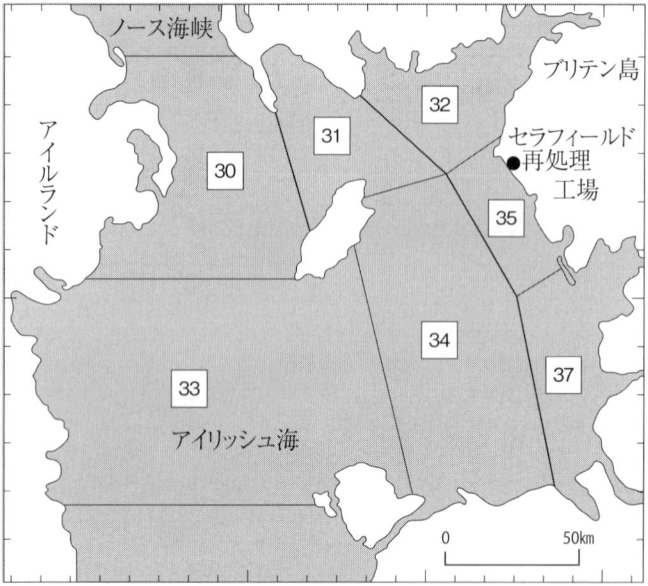

ム106（Ru）である。セシウム、テクネチウム、ストロンチウムは、海水に溶け、保存性が高い。プルトニウム、アメリシウム、コバルトは不溶性で、水柱の滞留時間は短い。使用されたデータは、アイルランド環境研究所、ユニバーシティ・カレッジ・ダブリン、アイルランド放射線防護研究所（RPII）、英国核燃料公社（BNFL）、国際原子力機関（IAEA）、および欧州委員会MAST-52プロジェクトのデータベースなど多岐にのぼる。以下、核種ごとに見ていく。

1　セシウム137

セシウム137は、1950年代からの原子力工業および1960年代の大気圏核実験によりグローバルに拡散した。測定が容易なことから、最も広く測定されてきた核種で、海洋を通じた放射線被曝の主要な核種である。欧州での主な放出源は、セラフィールド再処理工場、大気圏核実験およびチェルノブイリ原発事故である。ブリテン島西側のアイリッシュ海は、セラ

フィールド再処理工場からの継続的な放出により、対象海域で最も高い汚染レベルを示している。

　先にみたようにセラフィールドからのセシウム137放出量は、1975年のピーク時には5200兆ベクレルあったが、1980年代後半には年間約10〜20兆ベクレルとなり、ピーク時と比べ250〜500分の1にまで低くなった。しかし、アイリッシュ海の海水濃度はまだ比較的高く、カンバーランドの海岸に沿って1立方メートル当たり100ベクレル以上ある（以下、本章の海水中濃度は、すべて1立方メートル当たりの数字。福島事態での1リットル当たりと比べ、3桁、小さい濃度（0.1ベクレル／ℓ）が問題になっていることに注意）。これは、初期に放出された膨大なセシウムを保持する海底泥から海水への溶出が続き、海水濃度の低下を妨げているためと考えられている。他方でバルト海でも相当に高く（50ベクレル以上）、これは、チェルノブイリ原発事故の降下物の影響、および海水交換が悪いというバルト海の閉鎖性に起因する。

1-1　海水

海水中セシウム137の分布は濃度が低い順に以下の4グループに分類できる：

①北極及び北大西洋エリア（北極海、バレンツ海、ノルウェー海、北大西洋）（海域16-27）。
②イギリス海峡エリア（イギリス海峡、ビスケー湾、ポルトガル西海岸）、（海域38-54）。
③北海エリア（北海、スカゲラク海峡、カテガット海峡）、（海域55-62）。
④アイリッシュ海エリア（アイリッシュ海、ノース海峡、北及び西スコットランド海域、および西および南ウェールズ海域）、（海域28-37）。

　最も低いレベルが観察されるのは北極地方である。表層海水の濃度は、チェルノブイリ降下物による1987年のノルウェー沿岸水（海域27）のより高いレベル（1立方メートル当たりおよそ30ベクレル）を除き、1987〜1999年の期間、10ベクレル未満であった。1995年以来、ほとんどの海域でさらに低レベルの約5ベクレルが観察された。このエリアへのセシ

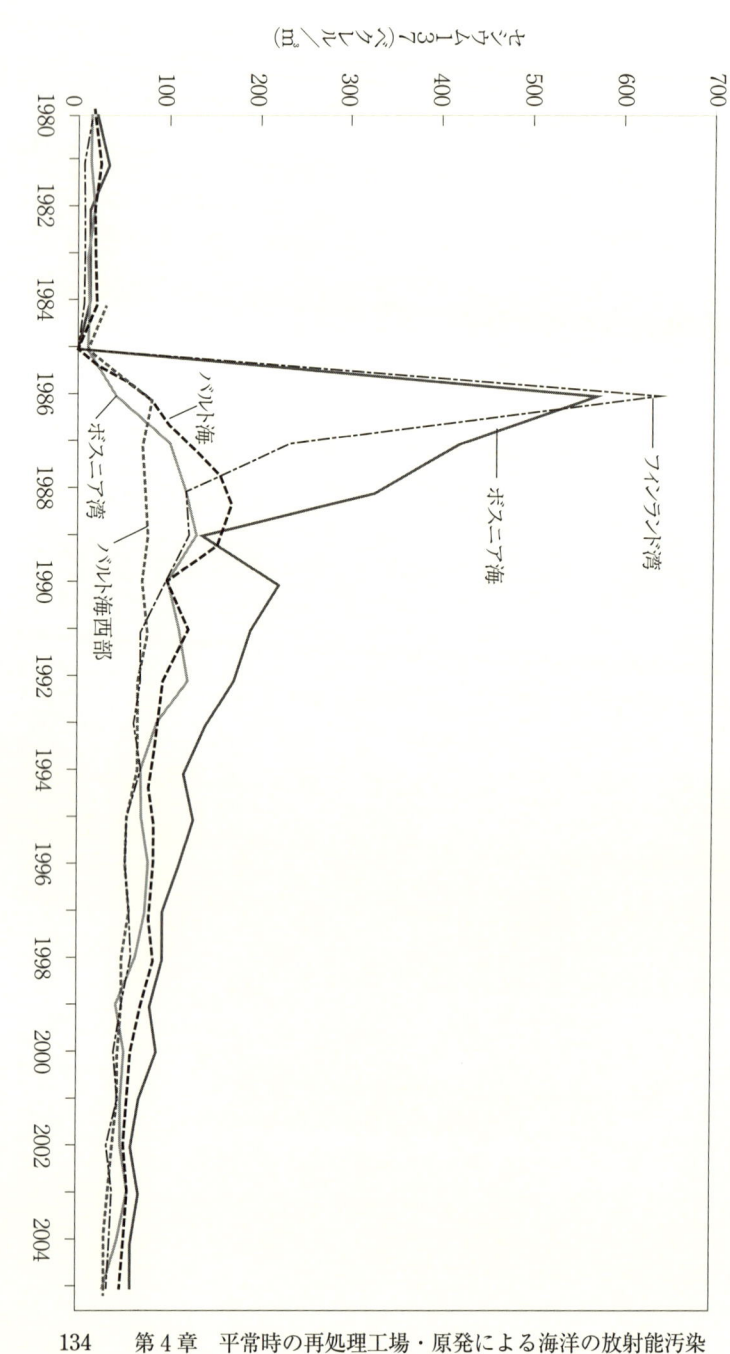

図26 バルト海における表層水セシウム137濃度の経年変化（ベクレル／立方メートル）

第4章　平常時の再処理工場・原発による海洋の放射能汚染

ウムの放出源としては、1960年代は大気圏核実験、1970年代は再処理工場、そして1986年からはチェルノブイリ原発事故の降下物が支配的である。

　第2グループのイギリス海峡エリアは、ラ・アーグ再処理工場に近接しているにもかかわらず、海峡で流れが速く、鉛直方向によく混合されるなどの要素も加わり、1987年以後、10ベクレル未満の低濃度となる。1992年以後は4ベクレル未満まで徐々に減少し、北極地方と同レベルとなる。このエリアでは、チェルノブイリ事故の影響は小さく、セシウム濃度の減少はラ・アーグ再処理工場の縮小の結果と見られる。

　第3グループの北海エリア（海域55〜59）では、やや高い濃度がみられるが、エリア57では1981年の86ベクレルをピークに減少し、1990年以後は10ベクレル前後で推移する（海域56、58、59）。これに対し、バルト海の出入り口にあたるスカゲラク海峡とカテガット海峡では、それぞれ15、60ベクレルとかなり高濃度が1989年以降も観察された。カテガット海峡では、1987年以降、表面が高濃度になり、下層水は低い状態が続いている。1987年以降の表面水の高濃度は、チェルノブイリ降下物により汚染されたバルト海の低塩分水が表層を大西洋に向けて流出することで起こっている。

　図26は、バルト海における表層海水中のセシウム137濃度の変遷である[※5]。バルト海奥部のフィンランド湾、ボスニア海で1立方メートル当たり600ベクレルを前後するピークが1986年に見られる。これは、チェルノブイリ原発事故による汚染である。その後、同海域では2年ほどの間に減少するが、逆に2年後くらいにバルト海全体に拡散していく。それでも、ここでの濃度は1立方メートル当たりなので、1リットル当たりに換算すると、最高値のピークでも0.65ベクレルにすぎない。福島事態では、事故から半年間において、これは、誤差の範囲の値である。福島事態での海水中の濃度は、欧州のデータと比べ1000倍以上高いと言える。

　最も濃度が高い第4グループのアイリッシュ海には、1972年からの長期の時系列をはじめ、多くの有用なデータがある。セシウムの最高濃度

※5　ヘルシンキ委員会（2009）；「バルト海の放射能、1996 − 2006」。
　　http://www.helcom.fi/stc/files/Publications/Proceedings/bsep117.pdffc

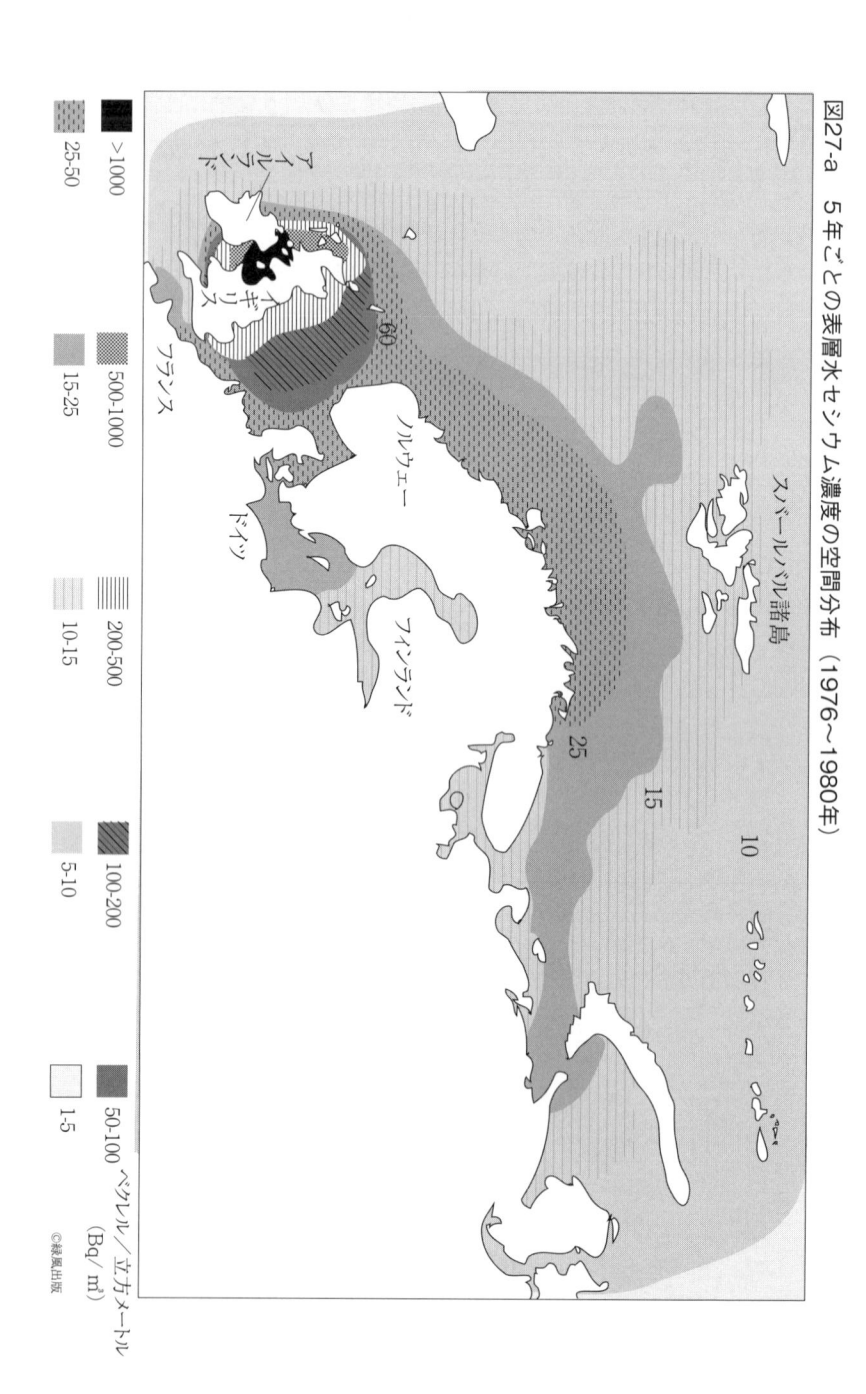

図27-a 5年ごとの表層水セシウム濃度の空間分布（1976～1980年）

凡例：
- >1000
- 500-1000
- 200-500
- 100-200
- 50-100
- 25-50
- 15-25
- 10-15
- 5-10
- 1-5

単位：ベクレル／立方メートル（Bq/m³）

地名：スバールバル諸島、アイスランド、イギリス、フランス、ドイツ、ノルウェー、フィンランド

©緑風出版

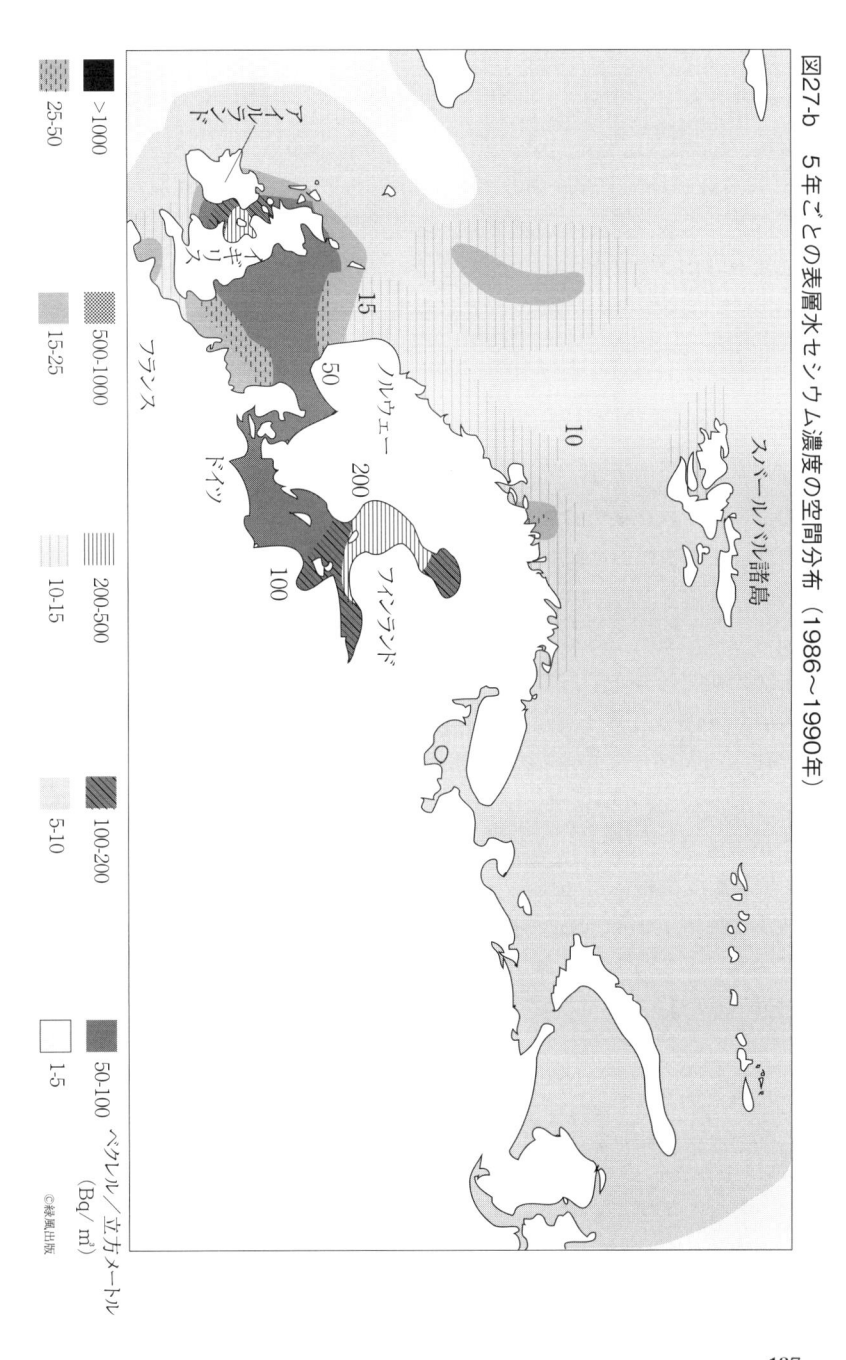

図27-b　5年ごとの表層水セシウム濃度の空間分布（1986〜1990年）

ベクレル／立方メートル
(Bq/m³)

- >1000
- 500-1000
- 200-500
- 100-200
- 50-100
- 25-50
- 15-25
- 10-15
- 5-10
- 1-5

スバールバル諸島
アイスランド
イギリス
ノルウェー
フィンランド
ドイツ
フランス

©緑風出版

は、特に東アイリッシュ海（海域32、35、37）に見られ、2001年までは200ベクレル以上が観察された。中でもセラフィールド再処理工場が面する海域35が最も高く、セラフィールドから離れるにつれて減少する。海域35では、1975年に最高値50900ベクレル（1リットル当たり51ベクレル）となる。その後は、徐々に減少し、特に1980年代に急激に減少し、1986年には860ベクレルとなる。1990年から減少割合は小さくなり、近年は200ベクレルを前後し、ほぼ一定である。これは、1975年ピーク時の約250分の1である。

放出量は、ピーク時の1300分の1に減少しているにもかかわらず、海水濃度の減少率は250分の1で、負荷の減少率に対応していない。海水濃度の時間変化は、セラフィールド再処理工場からの放出量、および海底堆積物に蓄積された過去の放出分の海水への溶出の2つに規定されている。後者は、この地域の堆積物のセシウム濃度が、時間とともに減少していることからも確認されている。

図27-aは、1976-1980年にかけた5年平均の海洋表層水におけるセシウム137の空間的分布である。再処理工場からの放出量が最も大きかった70年代、セラフィールドに起源をもつセシウムが、北東大西洋の縁を高緯度地域へ向けて流れる海流により北極海へと輸送されていたことがわかる。同様に1986-1990年（図27-b）については、セラフィールドからの放出量の減少につれて、イギリス、フランスの再処理工場の影響は北海にとどまり、代わりにバルト海の奥部を中心に高濃度域がみられる。バルト海の高濃度の主要な起源はチェルノブイリ原発事故による降下物と考えられる。さらに、セラフィールドからの放出量が減少した結果として1980年代の半ば以来、セシウムは著しく減少している。

1-2 生物相

人間が海洋の放射能に被曝する主要な経路は、海洋生物を摂取（特に魚介類や甲殻類）することである。海藻は濃縮係数が大きい場合が多く、海水中の放射能をモニターする生物指標として使用することができる。魚介類中のセシウム137濃度はさほど高くなく、魚類による生物濃縮は、農薬やPCBなどと比べ大きくない。また魚種による差は少ない。アイリッシュ

海とカテガット海峡を除けば、魚介類中のセシウム濃度は、1988～1999年の間、生重量1キログラム当たり1ベクレル未満である。以下、本章の生物濃度は、すべて生重量1キログラム当たりの値である。魚介類で最高濃度は東アイリッシュ海のセラフィールドで見られ、1986年に60ベクレルであるが、1988年以降は10～20ベクレルへと減少する。同レベルのセシウムは、1992年以降のカテガット海峡でも観察されている。

ノルウェー西海岸ではチェルノブイリ事故の関与が明確に見られた。ウトシラの南西海岸では、チェルノブイリ事故の数カ月後に当たる1986年の半ば、より高濃度が生じた。この傾向は、ノルウェー北西海岸のインゴイでは1987年の半ばまで続いており、これは生物への移動時間が約1年であることを示唆する。

アイリッシュ海の魚類や貝類については、アイルランド放射線防護研究所（RPII）の報告[6]がある。例えば、アイルランド東海岸のクローガーヘッドで採取されたタラのセシウム濃度は、1982年が1キログラム当たり62.7ベクレルであったが、1999年は1.8ベクレル、2009年、1.4ベクレルと大きく減少している。しかし、この間のタラの濃度減少は45分の1にすぎない。海水と同様に、生物中濃度の減少が放出量の減少割合に照応しない状況が見えている。

本書では扱えてないが、チェルノブイリ原発事故による影響が、黒海や地中海に及んでいることを示す例としては、地中海マッセルウオッチ（MMW）によるムラサキイガイを生物指標とした広域的なモニターがある。2004～2006年採取データでは、黒海沿岸が地中海西部と比べると2桁ほど濃度が高い。黒海では、最高値はウクライナ沿岸で生重量1キログラム当たり0.7～1.5ベクレル、平均1.1ベクレルである。次いで、ルーマニア沿岸が高く、0.27～0.32ベクレル、平均0.29ベクレル、更にトルコ沿岸では、0.03～0.32ベクレル、平均0.14ベクレルである。これに対し、地中海西部のフランス沿岸では、0.01～0.03ベクレル、平均0.02ベクレルと黒海に比べ2ケタ低い。全データについてチェルノブイリ原発からの距離との相関を見てみると約2000kmまでのデータは良い相関が見られる。このことは、事故から20年もたつが、原発事故で欧州各地

---

[6] 注3と同じ。

に降下した放射能が、ドナウ川、ドニエプル川、ドン川などの大河川により輸送され、黒海へ流入していることを示唆する。ただし、ここでの濃度は、黒海からエーゲ海北部にかけた海域で、0.1〜1ベクレルのオーダーである[※7]。

1-3 堆積物

セシウムは海洋で保存性物質として挙動することが知られており、堆積物への移動は相対的に少ない。しかしながら海水が高濃度の海域では、それに比例して海底堆積物中でも濃度が高い。アイリッシュ海のセラフィールド付近では、堆積物から乾重量1キログラム当たり1000ベクレルを超えるセシウムが検出されている。

1996〜2001年にわたる東アイリッシュ海の堆積物のセシウム濃度は低下傾向が見られる。例えば、海域35では、1992年に922ベクレルであったが、1996年に499ベクレル、1999年に284ベクレルへと減少する。これは、負荷量の減少による面もあるが、以前からセラフィールド再処理工場からアイリッシュ海に放出され、堆積物に吸収されていたセシウムが、再び海水に溶出した結果とみられる。再処理工場からの放出量が更に大きく減少しているにもかかわらず、アイリッシュ海の海水濃度が近年もあまり低下しないのは、このためである。この点については、アイルランド放射線防護研究所のアイリッシュ海西部の観測からも同様の指摘がなされている。

2 テクネチウム99

ほとんどの放射性核種の海洋放出は近年、減少しているが、セラフィールド再処理工場からのテクネチウム99の放出だけは、アクチニド除去プラント(EARP)の運用開始により1994年から急増した。テクネチウムは、水産生物、特に甲殻類(ロブスター)および海藻に蓄積されるので注意を要する。テクネチウムは保存性があり、海洋学のトレーサーとしても使用

[※7] 地中海科学国際委員会(CIESM)マッセル・ウオッチ部会(2008);「地中海と黒海におけるセシウム137基準レベル:CIESM地中海マッセル・ウオッチ計画広域調査」. http://archimer.ifremer.fr/doc/2008/publication-4477.pdf

されている。

2-1 海水

ECプロジェクトMAST-52は、1983年から1993年の間、イギリス海峡からカテガット海峡およびノルウェー海岸南西部にかけて海水中のテクネチウム濃度を測定してきた。最高レベルはイギリス海峡のゴウリイで見られ、1985年に1立方メートル当たり年平均23ベクレルが観察されたが、北へ行くにつれ低くなり、南ノルウェー海1.6ベクレル、カテガット海峡0.7ベクレルとなる。この濃度分布は、ラ・アーグ再処理工場からの放出と海岸に沿った北方への輸送に対応している。ラ・アーグ再処理工場からの放出量のピークは1985年であるが、1986年から1993年まですべての地点で海水中濃度の減少が観察された。

北極海および北大西洋では、1986〜1994年に0.02〜0.2ベクレルである。最低レベルは1992年の北大西洋で0.005ベクレルであった。これは、大気圏核実験からの降下物によるバックグラウンド濃度と考えられる。

1986〜1993年、アイリッシュ海では、セラフィールド再処理工場が面する東アイルランド海でさえ、テクネチウム濃度は、高くはなかった。1992〜1993年に、この海域では5-20ベクレル、スコットランド沿岸では0.2〜0.6ベクレルである。ところが1994年以来、テクネチウムは著しく増加した。1996年にはセラフィールド付近で2000ベクレル、ノース海峡60ベクレルおよび北海の北西部で5〜10ベクレルが観察されている。更に1996〜1997年、ノルウェー南西の海水で1〜6ベクレルであった。これは、1994年以来のセラフィールド再処理工場からのテクネチウム放出量の増加に起因している。

「AMAPアセスメント2002」[※8]には、1999年における表層水のテクネチウムの広域的な分布に関する実測データと、数値計算による予測分布図（図28）が掲載されている。これからも、イギリス、フランス再処理工場から放出されたテクネチウムが、北海からスカンジナビア半島の沿岸

※8　AMAP（2004）；「AMAPアセスメント2002：北極における放射性物質」。
http://amap.no/documents/index.cfm?dirsub=/AMAP%20Assessment%202002%20-%20Radioactivity%20in%20the%20Arctic

図28　北東大西洋における表層水テクネチウム濃度の空間分布

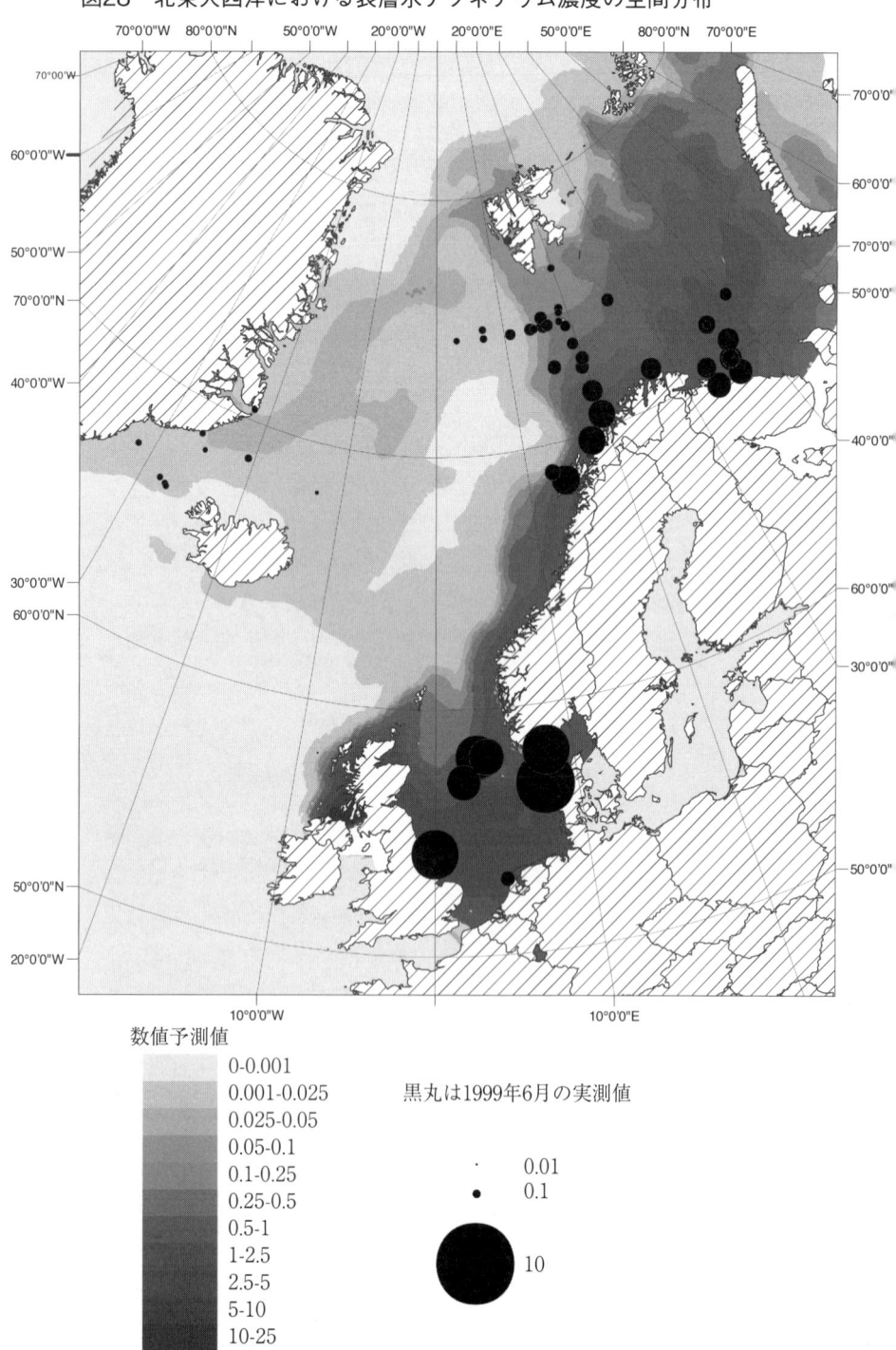

数値予測値
- 0-0.001
- 0.001-0.025
- 0.025-0.05
- 0.05-0.1
- 0.1-0.25
- 0.25-0.5
- 0.5-1
- 1-2.5
- 2.5-5
- 5-10
- 10-25

黒丸は1999年6月の実測値

・ 0.01
● 0.1
● 10

に沿って北上し、北極海に向けて拡散している様子が浮き彫りになっている。

2-2　生物相

テクネチウムは、海藻による濃縮係数が10万倍で生物濃縮が著しく大きい。人間の被曝は、甲殻類の摂取により発生する。甲殻類中のテクネチウムの平均濃度は、セラフィールドで観察された生重量1キログラム当たり30〜50ベクレルの1993年でさえ、魚類の濃度より約2桁大きい。とりわけ甲殻類では、ロブスターが最高値を示している。「ひばまた」のような海藻にも高濃度に蓄積されており、海藻は海水モニターの非常に良い生物指標として使用されている。

生物中のテクネチウムは、アイリッシュ海およびスコットランド海域で1994年に増加し始めるが、最高濃度はアイリッシュ海で1997年、スコットランド海で1998年に見られる。海水が最高濃度になってから、1〜2年遅れて最高値となる。セラフィールド付近で最高値を示した1997年における海水、魚類、甲殻類、海藻を見ると、海水は1立方メートル当たり740ベクレル、生物は、すべて1キログラム当たりで魚類54ベクレル、甲殻類9690ベクレル、海藻3万3900ベクレルとなっている。

3　ストロンチウム90

ストロンチウムは、再処理工場および核実験から放出される主要な核種である。しかし純粋なベータ放射体であることから、海洋に関するデータはセシウムに比べわずかしかない。海水中のストロンチウム90の分布はセシウムに似ている。最低レベルは北極海および北大西洋で観察され、1977〜1995年の間、年平均値が北大西洋（海域17）で1立方メートル当たり3ベクレル未満、北極海（海域16）9ベクレル未満であった。同期間、北海では5〜30ベクレルである。最高レベルは東アイリッシュ海（海域35）で200〜400ベクレルである。

経年的には、北海で1984年の30ベクレルから1997年に5ベクレルにまで大きく減少している。これはセラフィールド再処理工場からの放出量の削減に起因する。いずれにせよスカンジナビア半島から北極海へかけた

図29　バレンツ海における表層水ストロンチウム濃度の空間分布（2005年）

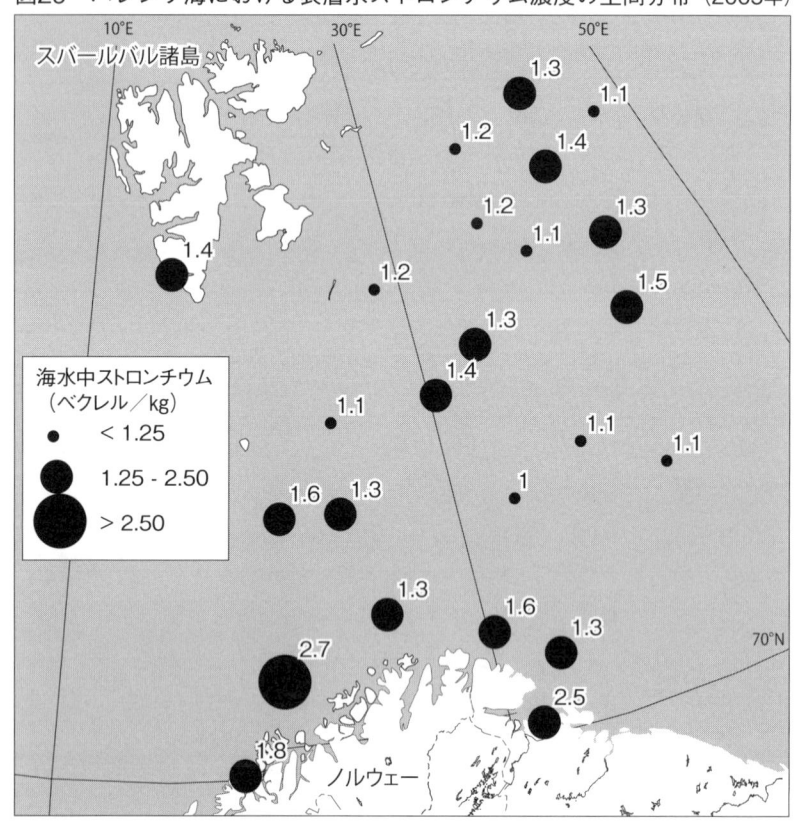

海域でも、図29のような濃度分布がみられることは驚異的である[※9]。

4　プルトニウム同位体

ほとんどのプルトニウム同位体はアルファー放射体である。測定上の事情から、プルトニウム239と240の和として測定されることが多いため、プルトニウム239とプルトニウム240の和で整理している。プルトニウム同位体は粒子に付着する性質があることから、海水にとどまる時間は少なく、堆積しやすい。セラフィールド再処理工場から放出されたほとんどのプルトニウムは、アイリッシュ海の堆積物に沈殿・蓄積され、アイリッ

※9　AMAP（2011）：「AMAPアセスメント2009：北極における放射性物質」。

144　第4章　平常時の再処理工場・原発による海洋の放射能汚染

図30 北東大西洋における表層水プルトニウム濃度の空間分布（1995年）

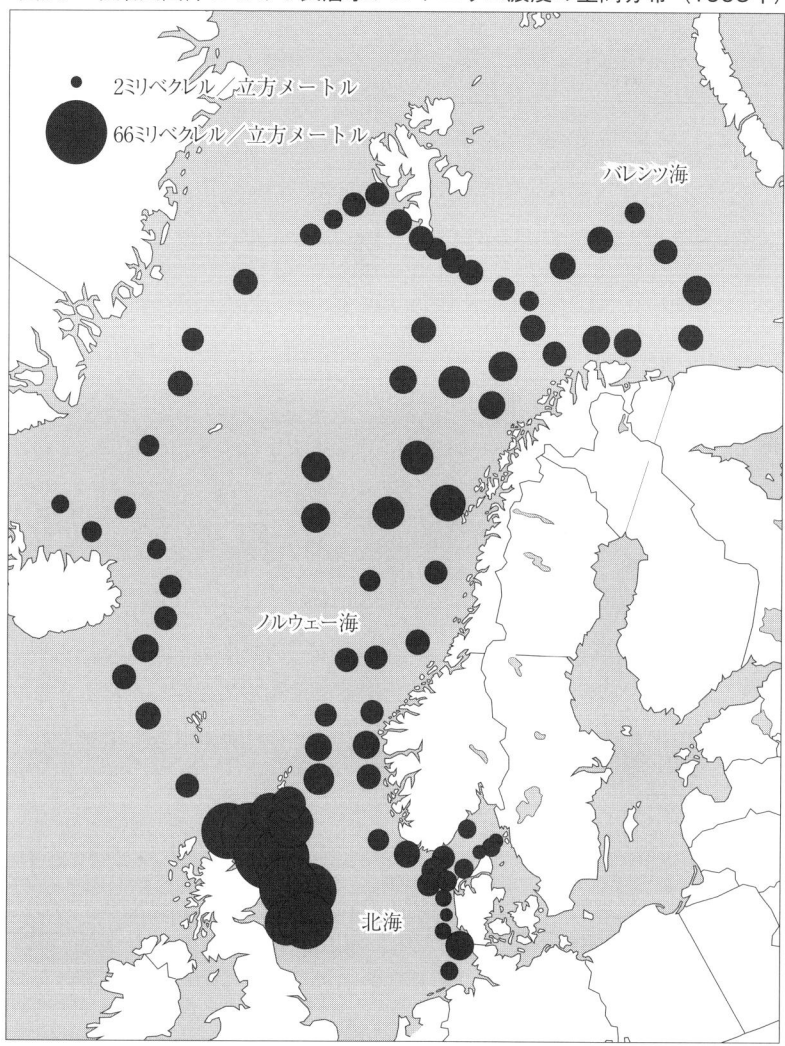

シュ海の外に輸送されるものはごくわずかであると考えられる。しかし、最近の研究から、堆積物に蓄積されたプルトニウムのうちの一部は、再度、海水中に溶出することが示唆されている。

4-1 海水

最高レベルは、東アイリッシュ海（海域35）で1988～1989年の間に1立方メートル当たり3～9ベクレル、1995年で0.6ベクレルであった。西アイリッシュ海（海域33）およびノース海峡（海域28）になると、0.03～0.25ベクレルにまで急激に減少する。

1988年から1996年までのアイリッシュ海の表層水中の溶存プルトニウムの分布を見ると、最高濃度はセラフィールドに近接した沿岸で観察され、セラフィールドから離れるにつれ、急激に減少する。さらに経年的には1988～1996年にかけて減少し、その間の放出量の削減に対応している。セシウムと同様、堆積物に蓄積されたプルトニウムの海水への溶出により、放出量の削減の割には、海水中濃度は低くなっていない。

更に「AMAP アセスメント 2002」[※10]には、ノルウェー沖から北極海にかけてもプルトニウムが検出されていることが図示されている（図30）。ただし、桁は小さく、1立方メートル当たり北海で0.066ベクレル、北極海で0.002ベクレルである。これは、アイリッシュ海の海底堆積物からの溶出によるものと推定されている。

4-2 生物相

甲殻類中のプルトニウムは、魚類よりほぼ2桁、高い。更に軟体動物では甲殻類より10倍以上高い。海水と同様、最高濃度は特にセラフィールド付近（海域35）の東アイリッシュ海で観察され、生重量1キログラム当たり、1988～1999年に3～7ベクレルが測定された。

4-3 堆積物

東アイリッシュ海で乾重量1キログラム当たり500-1000ベクレルの高濃度が観察された。西スコットランドの海域では5～12ベクレルとより

※10　注8と同じ。

低い。バレンツ海のレベルは1.2ベクレルで、アイリッシュ海のほぼ1000分の1である。

　東アイリッシュ海の堆積物のプルトニウム同位体の時間変化を見ると、1988～2000年の間、低下傾向が続いている。アイリッシュ海の堆積物中のプルトニウム分布を、1983年、1988年および1995年についてみると、堆積物からのプルトニウムの溶出が起こっていることが分かる。

5　その他の放射性核種

5-1　アメリシウム241

　アメリシウムは海洋の放射線被曝に関するもう一つの重要なアルファ放射体である。その分布は、プルトニウムや他の核種と同様に、東アイリッシュ海、特にセラフィールド沖で最高濃度となる。しかし、東アイリッシュ海と他の海域との濃度差は、プルトニウムの場合ほど大きくはない。これはプルトニウムと比べ海水中のアメリシウムがより可溶性が高いことに関係する。東アイリッシュ海の甲殻類中濃度は、生重量1キログラム当たり8～17ベクレルで、プルトニウムと比べ2桁ほど高い。魚類中の濃度は、甲殻類中よりはるかに低い。またプルトニウムと同様、甲殻類中のレベルは、軟体動物中より低い。東アイリッシュ海の堆積物のアメリシウム濃度には経時的な減少が見られ、プルトニウムと同様、アメリシウムも底泥からの海水への溶出が示唆される。

5-2　コバルト60

　コバルト60も、甲殻類中で北アイリッシュ海や北海と比べ、より高いレベルが東アイリッシュ海で観察される。そこでは、1989～1993年の間、甲殻類濃度の減少が観察され、最低値は1993～1994年に見られた。1994年以後は、逆に継続的に増加していた。北海では1988年の生重量1キログラム当たり2ベクレルから1998年に0.5ベクレルまで減少した。

5-3　トリチウム3、ルテニウム106およびヨウ素129

　他の核種と比べ、トリチウム3は非常に大量に放出される。しかし特定の生物濃縮はない。海水中のトリチウムは、北海ではセシウム137と比べ

147

2桁、高い。アイリッシュ海での分布は、セラフィールド再処理工場の明瞭な関与を示している。

　北極および大西洋の海水中トリチウムの鉛直分布によると、表層から500mが高く海水1立方メートル当たり400ベクレルであるが、1000m以深では100～200ベクレルである。トリチウム3は自然放射能としても存在するが、核爆発の前に測定された表層水中の濃度は、大陸の水に関して200～900ベクレル内にあることがわかっている（UNSCEAR、1982年）。

　東アイリッシュ海の甲殻類と堆積物のルテニウム濃度は、1985～2001年の間、どの項目でも減少がみられる。

　1991年以来、ラ・アーグおよびセラフィールド再処理工場からのヨウ素129の放出量が増加した。ヨウ素129は海洋中で非常に保存性が高く、半減期が長いので海洋学的トレーサーとなる。海水中濃度は、ノルウェーの南西海岸に沿って、およびカテガット海峡で1992～1993年以来増加した。デンマークの西海岸では、1立方メートル当たり0.3ベクレルという値が観察され、これはバルト海における濃度より2桁以上高い。

　アイリッシュ海の魚と海藻のヨウ素129は、「ひばまた」で3～5ベクレル（乾重量1キログラム当たり）が2000～2001年に測定され、タラからは0.16ベクレル（生重量1キログラム当たり）である。これは1999年にカテガット海峡のクリントで観察されたものより約5～10倍高い。ノルウェーの海岸に沿った海水中ヨウ素129の分布を見ると、北にいくにつれ減少している。

3　北東大西洋の汚染原因の一つは日本

　北東大西洋における海洋の放射能汚染は、全体としては、いくつかの例外を除き1980～1999年にかけて一般的に減少する傾向を示している。いくつかの例外とは、まずアイリッシュ海における①プルトニウム同位体、セシウム137、及びアメリシウム241の海底堆積物からの溶出による海水への移動、②1994年以来のセラフィールド再処理工場からのテクネチウム99の放出量の増加に伴う海水中濃度の上昇である。

　欧州の海洋汚染においては、平常時の再処理工場以外にも、大気圏核実

図31 北東大西洋から北極海にかけての主な海流系

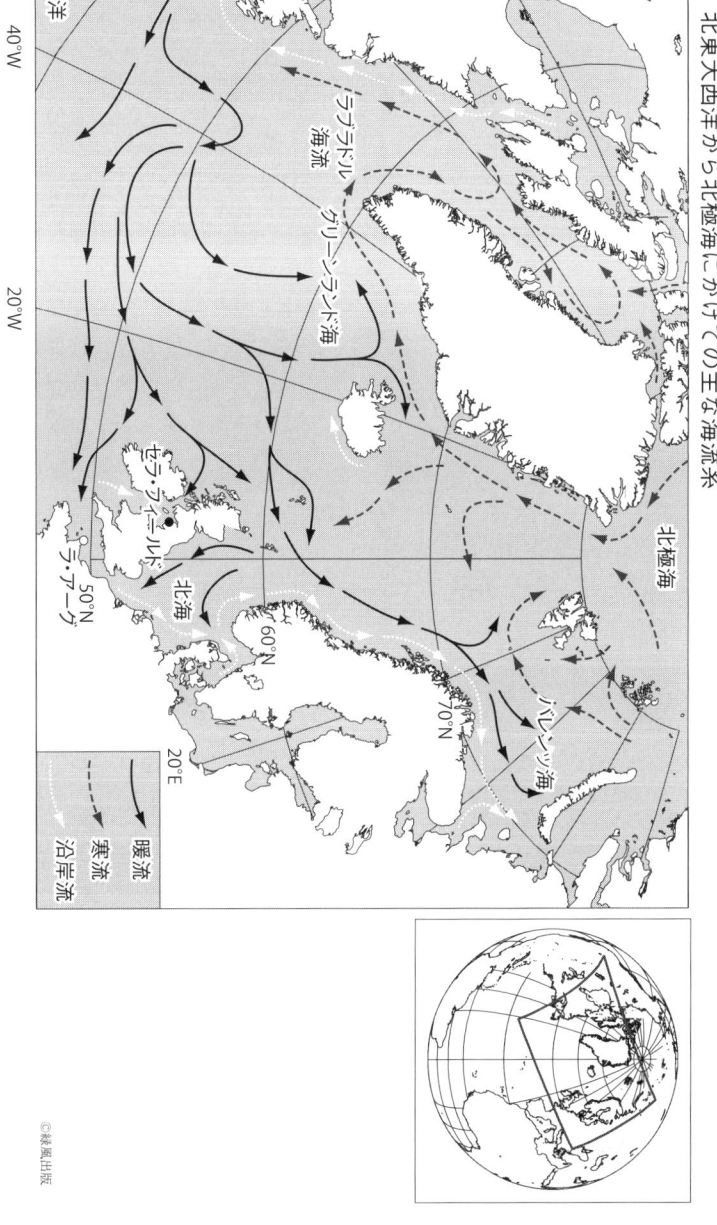

大西洋
40°W
20°W
ラブラドル海流
グリーンランド海
北極海
セヴ・フィヨルド
ラ・フーグ
北海
50°N
60°N
70°N
バレンツ海
20°E

──── 暖流
╌╌╌╌ 寒流
⋯⋯⋯ 沿岸流

©麗風出版

149

験、チェルノブイリ原発事故、更には固体・液体廃棄物の海洋投棄、原潜事故に伴う放射能の海底への放置など、原因は多岐にわたる。

それにしても、平常時に海洋へ放出された放射能が、これだけ広範囲に拡散していることは脅威である。特に1960～1970年代までは、セラフィールド再処理工場からの膨大な放出により、北海はおろか、ノルウェー沖から北極海にまで到達していたことが、セシウム、プルトニウム、テクネチウムなどの濃度分布に鮮明に反映されている。セラフィールドから北極海の「スピッツベルゲン島」までは約3000kmはある。この長距離にわたる放射能の輸送と拡散は、なぜ起こっているのであろうか。図31は、北東大西洋における海流系の模式図[※11]である。このイギリス沖からスカンジナビア半島に至る陸岸に沿った海流系が、広大な領域に放射能を途絶えることなく輸送し続けてきているのである。実は、この北東大西洋も世界三大漁場の一つである（図14参照）。ノルウェーが水産国になる地政学的な根拠でもある。福島事態に伴い、世界的にも優れた漁場に膨大な放射能が流入し、神聖な海を汚染しているのと、極めて酷似した状況が欧州にも存在しているのである。

ここで忘れてならないのは、日本の原発でつくった使用済み燃料の再処理を、イギリス、フランスの2つの再処理工場に委託してきたこととの関連である。日本が契約した使用済み燃料の処理量は約7100トンである。これは、1966年に東海原発が稼働してから、日本が生みだしてきた全使用済み燃料の約3割に相当すると考えられる。この膨大な使用済み燃料から、プルトニウムが分離され、核分裂性プルトニウムとしては、ラ・アーグに13.8トン、セラフィールドに11.4トンが貯蔵されている[※12]（『原子力市民年鑑2010』）。仮にこの比率で、燃料棒を処理すると仮定すれば、処理する使用済み燃料は、それぞれラ・アーグで3890トン、セラフィールドで3210トンということになる。問題は、再処理でプルトニウムを抽出すると同時に、膨大な核分裂生成物が気体、液体として環境中に放出されてきたということである。先に見た海洋に放出された放射能は、海流によって、アイリッシュ海、イギリス海峡、そして北海を汚染してきた。さら

※11　注9と同じ文献の図4-9をもとに作成。
※12　原子力資料情報室（2011）；『原子力市民年鑑2010』。

には、大陸の縁辺に沿った海流系により、スカンジナビア半島の西を通って、北極海にまで到達している。これらの汚染の主な要因が、両再処理工場から放出されてきたトリチウム、セシウム、プルトニウム等の放射能である。

　問題は、このイギリス、フランスの再処理工場から放出されてきた核分裂生成物の相当部分は、日本の原発でできた核分裂生成物であり、それらが北海や北極海を汚染してきたという事実である。代価を支払って処理したとはいえ、この点を忘れてはならない。福島事態で、日本列島の東半分の陸と、太平洋の一部を汚染し、食の安全が失われる危険に直面していることは重大である。しかし、実はその数十年前から、われわれの電気を作ることと同時に産み出されていた核分裂生成物が、はるか離れた欧州沿岸の海と空を汚染し続けてきたのである。おそらく大部分の市民は、そのことを自覚すらしていなかったはずである。しかし、自覚しているか否かに関わらず、私たち日本人は、北東大西洋の大規模な海洋汚染の一つの、それも重要な原因者である。

　関東地方の市民は福島県や新潟県にある東電の原発、関西の市民は福井県にある関西電力の原発が、地域差別の上でつくる電気を享受してきただけではない。日本各地の原発から出た使用済燃料の再処理をイギリス、フランスの再処理工場へ委託することを通じて、北東大西洋の海洋汚染にも関与してきたのである。

　日本発の「死の灰」が、世界三大漁場の一つである北東大西洋を汚してきた。そして福島事態は、やはり世界三大漁場の一つである三陸沖の漁場を汚染している。日本の原子力政策は、世界三大漁場のうちの二つまでを汚染しているのである。実に愚かで、犯罪的なことである。他国や他地域への迷惑を前提にして成立する豊かさとは、恥ずべき文化である。

第5章　日本の核施設による海洋汚染

日本には17のサイトに54基の原発がある。福島県の東電の10基はなくなる方向にあるが、現時点では商業利用に沿った核燃料サイクルをすべてストップするという動きには至っていない。その是非については、本書の領域を越えるので、ここでは触れない。しかし、一つ一つのサイトでは、市民の生活、安全との関係で、どの施設も問題を抱えている。

ここでは、福島原発以外で、海洋との関係においていくつかの事例を取り上げる。事例の選択は、問題の重要性、筆者が比較的、関わってきていることなどを考慮して行なった。取り上げてないから重要でないということでは決してないことをお断りしておく。可能であれば、全ての立地地点において、地域の海洋、生物、漁業、人口などの特徴を踏まえた検討作業が必要であろう。

1 平常時における海洋の放射能汚染

1 六ヶ所再処理工場と三陸の海

六ヶ所村に建設中の六ヶ所再処理工場は、計画どおり稼働すれば、平常時における日本で最大の放射能放出をもたらす工場となる。1年に約800トンの使用済み燃料を再処理し、プルトニウム約8トンを処理する能力が見込まれている。1993年着工、2000年、運転開始を目指して計画されたが、現時点でも本格的な運転開始時期は不明である。福島事故を機にエネルギー政策の見直しが必至の情勢の中で、事業そのものの存立が揺らいでいることは確かであろう。しかし、原発を稼働し、再処理するという思想が残っている限りにおいて、潜在的な海洋汚染の最大の放出源であることに変わりはない。ここでは、平常時における海洋汚染の観点から検証する。

六ヶ所再処理工場そのものは2001年に完成し、2006年3月から実際の使用済み燃料を用いたアクティブ試験が始まった。しかしトラブルや事故の続出で中断したままである。液体放射性廃棄物は、海岸から3km沖、水深44mの放流管から放出される計画である。仮に本格稼働すればイギ

リス、フランスの再処理工場で起こったことと同じ問題が発生する。国は、そのことを前提として操業を許可している。液体放出の管理目標値は、年当たりトリチウム1.8京ベクレル、トリチウム以外0.4兆ベクレル、ヨウ素0.17兆ベクレルなどである。ラ・アーグ再処理工場が、トリチウム1.85京ベクレルであるから、これにほぼ匹敵する。原発の管理目標値と比べても圧倒的に大きい。

　原発と比べ、2桁以上大きな液体放射能の放出が前提とされる再処理工場が面する海は、世界三大漁場の北端に位置するすぐれた漁場である。第2章で述べたように、この漁場は、地球という惑星が固有に有する力によって作り出している奇跡的な場である。控え目に、三陸沖の南北350km、東西200kmの海域でみても、マサバ、マイワシ、スルメイカ、サンマ、サケ、タラ、マグロなどの大漁場が形成され、海岸付近ではカキ、ホヤ、ホタテ、ワカメ、コンブなどの養殖業も盛んである。また第4章で詳しく述べたように、欧州における実態から推測すれば、六ヶ所再処理工場の本格操業が始まれば、下北半島の沖合は言うに及ばず、北海道東部から三陸沖の全域において水産業に大打撃を加えることは間違いない。東電福島原発は大事故というクライシスによる汚染であったが、六ヶ所の場合は、平常時においてさえ、既に大きな被害が出ることが分かっていての行為である。これを容認する国の判断は無謀としか言いようがない。

　放出された放射能の移動経路と影響範囲を考えるにあたり最も重要なことは、放射能の拡散というよりは、流れによる移流である。六ヶ所沖の海流系については、季節により変化する2つのパターンの存在が知られている。この海域には、三陸沿岸を南下する津軽暖流水がある。それに親潮系水、さらに黒潮系の暖水塊などが複雑に入り組み、前線帯を形成しており、その分布や流路パターンは顕著な季節変動を示す。つまり、季節により流れの傾向が異なっている。花輪（1984）[※1][※2]などによれば、この海域の海況は大きく2つに分類される（図32）。

　ⓐ津軽海峡の東口から沖へと張り出す渦モード（夏から秋にかけての暖

※1　花輪公雄（1984）；「沿岸境界流」、沿岸海洋研究ノート、第22巻、1号。
※2　農林水産技術会議（1988）；「東北・道東における暖水漁場の短期予測技術に関する研究」、研究成果209。

図32 津軽暖流水の太平洋への出口における流れのパターン

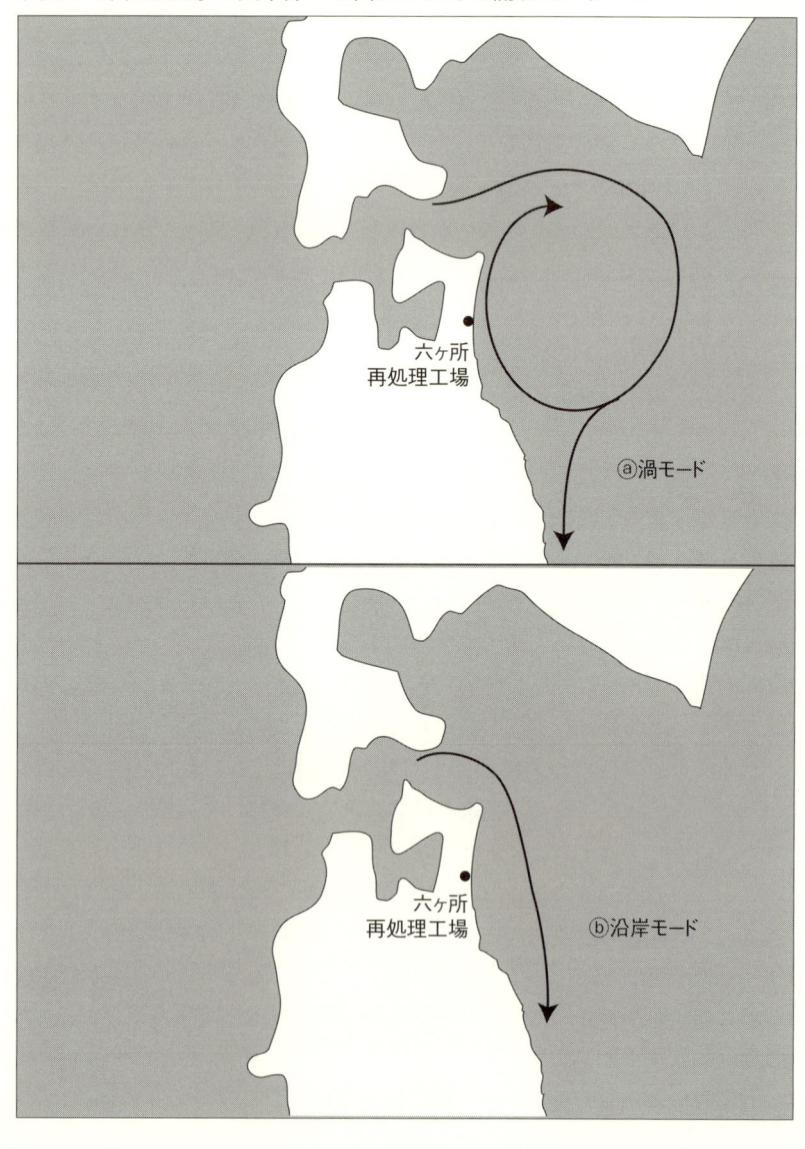

候期）：

　この時期、下北半島の東には、東西150km、南北100kmの暖水渦が形成され、時計回りの一定方向の流れが存在する。従って、放水口付近では、北西、ないし北向きの1〜2ノットの強い流れがある。ちなみに1ノットは毎秒51cmの速さである。

　ⓑ本州沿岸に沿った沿岸モード（寒候期）：

　寒い時期は、沿岸に沿って南下する流れが支配的で、高温、高塩分の津軽暖流水は、下北半島に沿って南に広がっていき、南下するにつれて三沢沖あたりから沖合に張り出していく。この時は、陸に沿って南下し、尻屋崎沖で2ノット、三沢沖で1ノットくらいである。

　このように、渦モードでは、多くの場合、北流が卓越し、逆に沿岸モードでは南流が卓越し、ともに1〜2ノット程度の流れがある。これらの流れは、いずれも一方向の定常的な流れで、物質輸送に大きな影響を与える。放射性物質の多くは半減期が長いことから、ⓐの場合に時計回り還流によって北へ運ばれたとしても、渦を4分の3周、回転した後、南へ流れていくであろう。結果として、ⓐ,ⓑいずれの場合も最終的には南へ向かう流れが卓越する。その意味で、六ヶ所再処理工場が本格的に動き出した場合には、主として下北半島沖から三陸沖の海洋汚染が問題になると予想される。

　水口[※3]によれば、放流が予定されている地点から1万枚のハガキを放流した実験がある。実験は2002年8月3日に行なわれ、回収されたハガキは、北から苫小牧1枚、六ヶ所村58枚をはじめとして青森県62枚、岩手県2枚、宮城県は気仙沼市6枚など10枚、福島県1枚、茨城県は波崎町12枚、鹿島市7枚など24枚、そして千葉県は銚子など3枚となっている。合計103枚が回収された。回収率は1％でそう高くないが、回収されたものの約半分は、三陸から銚子までの500kmにのぼる海域に分散している。はがきの場合、表面から放流され、風の影響なども受ける表面流の影響を強く受けつつの移動なので、核種の移動とそのまま一致するとは限らない。しかし、流れ場が南に向かっていることとほぼ一致しており、一般的な推測には使えるであろう。

※3　水口憲哉（2006）；『放射能がクラゲとやってくる』、七つ森書館。

また2005年に日本海側から津軽海峡を経て、太平洋に流入した越前クラゲが、三陸沖を南下し、房総半島にまで到達したというデータもある。水産庁日本海区水産研究所の調査から、越前クラゲの群れは、9月13日に下北半島の先端に出現したあと、9月20日、岩手県北部、9月30日、岩手県全域、10月14日、牡鹿半島を越え、25日には、銚子沖にまで到達している様子が記録されている。

福島原発事故では、実質的な放射能放出は、2011年3月から5月くらいまでの時期に集中しているが、六ヶ所の日常的な放出が始まると、この影響は、南北500kmの東日本海域だけでなく、日本列島の各地に、より広範に分散していく可能性は否定できない。欧州で、アイリッシュ海から、北海、ノルウェー沿岸を経て北極海にまで、再処理工場起源のセシウム、プルトニウムが広がっている様子が追跡できることを考えると、北太平洋や日本列島の全域に及んでいくとしても何ら不思議ではない。同時に、例えば下北半島沖の津軽暖水の渦流域の海底に沈積した放射能が、二次的な汚染源となって海水に溶出していくことも起こるであろう。

2 原発による海洋汚染（敦賀原発、福島第1原発）

平常時、原発からも一定の放射性物質が放出される。国もその点は承知しており、だからこそ、管理目標値が定められている。海洋への直接流出は、温排水に混ぜるなどの形で実行されているとみられる。どこの原発サイトでも、同様の問題があるはずであるが、具体的に海藻や貝類などで濃度が公表され、論議の対象となったことは少ない。その中で、敦賀、福島の事例をふりかえる。

原発による海洋生物の汚染が日本で初めて提起されたのは、1973年春、京都大学漁業災害グループが、敦賀原発のある福井県敦賀市の浦底湾においてホンダワラ科の海藻のコバルト60の分布を発表した時である。今は廃刊となっている『技術と人間』5号（1973年春）に「原子力発電所による海洋生物汚染の実態」[※4]として公表された。それによると、1971年9月、および11月の2回、ホンダワラを中心に採取し、コバルト60の測定を行

※4　京都大学水産学科漁業災害グループ（1973）；「原子力発電所による海洋生物汚染の実態」、『技術と人間』5号。

図33　浦底湾におけるホンダワラ科の海藻のコバルト60分布（1971年）

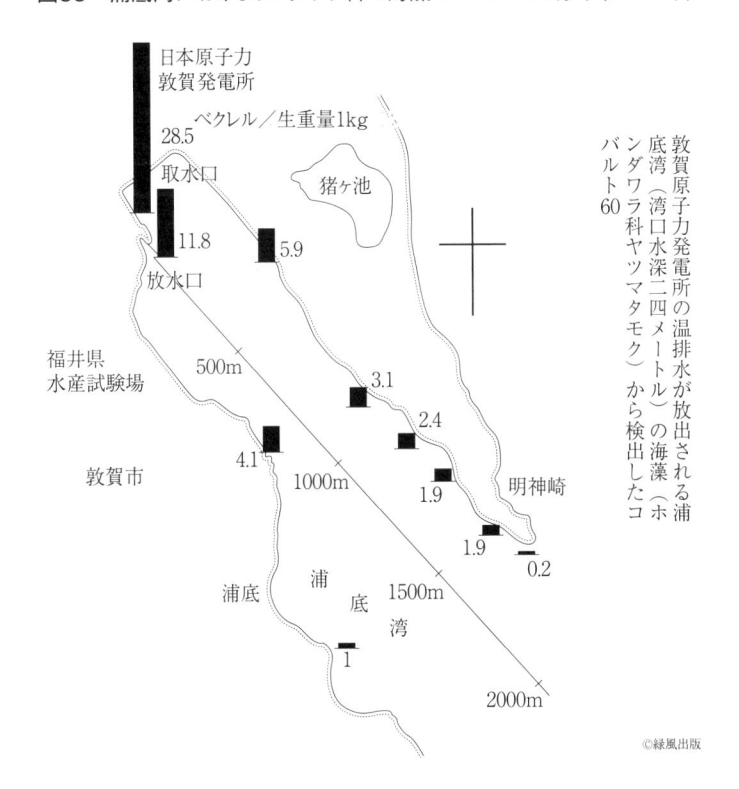

敦賀原子力発電所の温排水が放出される浦底湾（湾口水深二四メートル）の海藻（ホンダワラ科ヤツマタモク）から検出したコバルト60

©緑風出版

なった。この時点では、ピコ・キュリーが使われているので、これをベクレル換算して図を新たに作成した（図33）。汚染は浦底湾全域で認められ、放水口付近では、生重量１キログラム当たり28.5ベクレルで、湾口に向けて放水口から800mで4.1ベクレル、湾口で1.9ベクレルである。更に、その外側で0.2ベクレルで、放水口付近より２桁小さい。

　同文献によると、福井県環境放射能測定技術会議の調査からも、ホンダワラ生重量１キログラム当たり全ベータ線量で3.7〜63ベクレルの放射能が検出されている。同様にスギモク、テングサ、ミルからもコバルト60が検出されている。その他、放水口付近のムラサキイガイを成長段階ごとに３段階に分けて分析したところ、大型のムラサキイガイから検出さ

れた。さらに、「体長9〜17cmのイシダイ計25尾の消化管内容物を計測したところ、生重量1kgあたり120ピコ・キュリー（＝4.4ベクレル）のコバルト60が検出された」。浦底湾のコバルト60汚染は、この時点で海藻類、貝に加え、魚体内にも進行し始めていた様子がわかる。ちなみに、敦賀原発は、1970年3月、稼働したばかりであった。

2011年、大事故を起こした福島第1原発周辺での1970年代の海洋生物や土壌汚染に関しては、水口が、『海と魚と原子力発電所－漁民の海・科学者の海』(1989)[※5]で「放射能汚染調査グループ（福島・東京）」の調査として報告している。1978〜1979年にかけて福島第1原発、南放水口付近など4点につき、コバルト60等の測定を行なった。北放水口周辺の3点では検出されなかったが、南放水口付近（1978年8月、採取）でコバルト60が検出された。検出された南放水口付近での結果を、単位をピコ・キュリーからベクレルに換算して表13に示した。最も高いのはマンクソ（オカメブンブク）で、生重量1キログラム当たりコバルト60が7ベクレル、マンガン54は1.9ベクレルである。水産生物として重要なホッキガイは、コバルト60が0.15〜0.48ベクレル、マンガン54は0.54〜0.93ベクレルであった。福島原発事故に伴い調査されたホッキガイでは、コバルト60の調査はないので直接比べられないが、70年代の値は2011年事故時のデータと比べるとそれほど大きくはない。

その後、請戸漁協と福島県との交渉の中で、1977年に東電が測定した海底堆積物のデータが福島県から公表された。これをベクレルに換算して表14に示した。セシウム137でみると乾重量1キログラム当たり4.8〜6ベクレルで、福島原発事故によるものと比べて、数十分の1であるが、平常時においても若干の汚染が進行していたことがうかがえる。

このように原発からの海洋の放射能汚染は、既に1970年代に問題になっていたが、あくまでもコバルト60、マンガン54など誘導放射能に関するものが多く、核分裂生成物＝死の灰そのものに関するデータは少ない。また両原発に関する近年までのデータは不明であるが、基本的な構造は変化していないと考えられる。

[※5] 水口憲哉（1989）;『海と魚と原子力発電所－漁民の海・科学者の海』。

表13　平常時における東電福島第1原発　南放水口付近の放射能
　　　（1978年8月、採取）　　　　　　　　　　　　　　（ベクレル／乾重量kg）

測定対象	コバルト60	マンガン54
海底砂泥	0.89	0.33
マンクソ	7	1.9
ホッキガイ肉	0.15-0.48	0.52-0.93
ホッキガイ殻	0.19	ND

表14　東電福島第1原発　取水口付近の海底沈積物中の放射能濃度
　　　（1977年、採取）　　　　　　　　　　　　　　　　（ベクレル／乾重量kg）

	1977.6.9 採取	1977.12.1 採取
コバルト60	5	8.1
マンガン54	2.4	4.1
ジルコニウム95	4.3	24.5
ニオブ95	6.9	64
セシウム137	4.8	6
セリウム144	11	91.9

*1977年に東京電力が測定

Ⓒ緑風出版

2　原発で事故が起きたら

1　女川原発と三陸の海

　女川原発（東北電力）は沸騰水型の3つの原子炉あわせて210万kwの電気出力がある。福島第1原発で事故に絡んだ4号機までの4分の3の規模である。1号機は1984年6月に稼働している。従って、女川原発のサイトにも大量の核分裂生成物（「死の灰」）とプルトニウムが貯蔵されている。

　他方で、女川は漁業の町である。リアス式海岸の典型である女川湾は、閉鎖的な地形ではあるが、平均水深39mで外洋水の影響を受けやすく、奥部を除けば水質は良好である。1970年代初めの女川湾の手書きの漁場図（図34）を見ると、いかに養殖が盛んであるかがわかる。湾の全域に渡っ

図34　1970年代初めの女川湾の漁場図

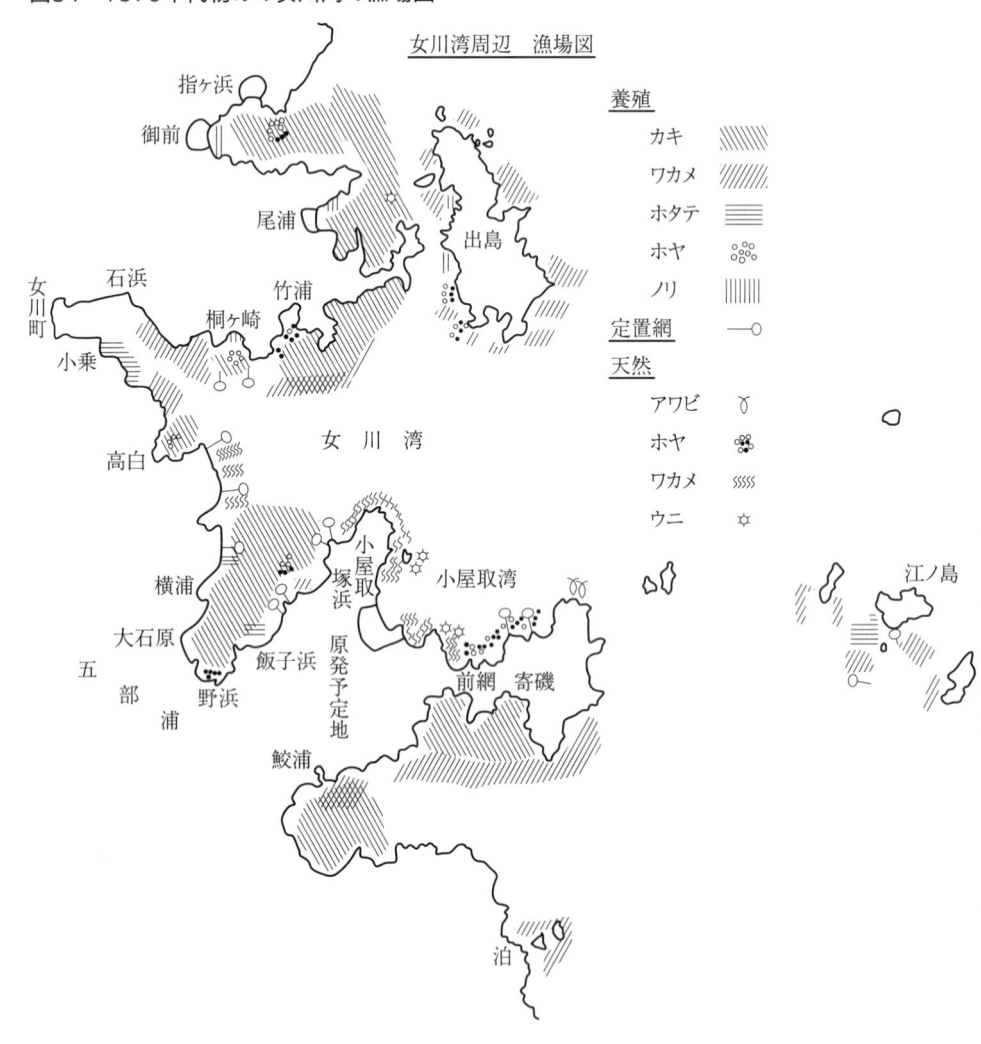

女川湾周辺　漁場図

養殖
カキ
ワカメ
ホタテ
ホヤ
ノリ
定置網
天然
アワビ
ホヤ
ワカメ
ウニ

てカキ、ホヤ、ワカメ養殖がおこなわれていた[※6]。近年はギンザケ、ホタテも加わり、養殖が盛んであるという事情は基本的に変わっていない。東日本大震災の津波により、漁場は壊滅的な被害を受けたとはいえ、海洋の

※6　東北大原発ゼミ（1976）:『水産資源と原子力』女川原発裁判証言記録。

豊かさそのものは不変である。時間の経過とともに漁業活動は復活していくに違いない。また女川港は、日本でも有数の漁港で、サンマをはじめ、サケ、タラは全国有数の水揚量を持っている。1970年代の原発反対運動が強かったころ、女川の漁師は、市民が、安全で喜んで食べてくれる水産物を提供することが自分たちの使命であると胸を張って主張していた。それが、着工認可が下りてからも長期にわたって、原発建設を食い止める原動力となっていた。原発が動きだして相当な時間が経過しているが、漁師の心意気は変わっていないはずである。

　その女川湾の湾口部に原発が建っている。仮に福島事故のように、女川で放射性廃液が海に放出されたらどうなるのか。ある程度の期間にわたって放出が続けば、潮流により南北双方へ拡散するはずである。福島原発沖の汚染経過を置き換えれば、女川湾周辺をはじめ、南北100km以上にわたり沿岸が第1次的な影響域になるであろう。そこでは、あらゆる海洋生物が、相当長期にわたり、高濃度に汚染される。次いでその周辺の釜石から、南は仙台湾、福島沖あたりまでの第2次的な影響域もできる。さらに、季節によれば親潮系水の影響を受け、仙台湾、福島沖を経て、銚子沖にまで影響することもありうるであろう。回遊性のタラ、サバといった魚種は、下北半島から銚子沖に至る広範な領域で、中程度の汚染をもたらす可能性もある。女川では、第1次的な影響海域が、即、日本でも有数の漁業の盛んな地域である。仮に女川で福島事態のようなことが起これば、岩手、宮城に広がる三陸沿岸の世界三大漁場の本体が致命的な被害を受けることは想像に難くない。

2　伊方原発と瀬戸内海

　瀬戸内海にも原発がある。愛媛県の伊方原発（四国電力）である。加圧水型（PWR）3基で電気出力は計202.2万キロワットである。1号機は1977年9月に稼働した。広島まで100km、高松まで190km、大阪まで300kmの距離にある。伊方原発は、和歌山から、紀淡海峡、四国を経て、九州へつながる中央構造線という、日本では最大の断層の真上にある。衛星画像で見ると、紀ノ川、吉野川、佐田岬にそって、大きな断層線が鮮明に見えている。この断層線を境に、南は日本外帯、北が日本内帯となって

いる。日本列島の形成にとって重要な意味を持つ断層線である。周辺には活断層もたくさんあり、非常に危険な場所に立地している。この伊方原発が事故をおこしたらどうなるのか。

　閉鎖性海域である瀬戸内海は、潮流が卓越している。これは往復流であり、福島のように、一方向に流れるのとは事情が異なる。伊方海域では、上げ潮により東に向かうが、6時間を経て流れがとまり、今度は逆に下げ潮により西に向かう。こうして行ったり来たりを繰り返しながら、少しずつ残余の流れ（潮汐残差流）によって、水そのものが移動していく。そのため、海水が拡散しにくく、ひどい汚染にさらされることは必至である。瀬戸内海における海水の入れ替わりは遅くて、灘単位ではおよそ数カ月、全域の海水が90パーセント替わるのに少なくとも1年半から2年はかかると言われている。

　他方で、瀬戸内海は生物相の豊かな海で、単位面積当たりの漁獲量も高く、世界最高レベルの生産性を持っている。地中海などと比べると単位面積当たりの漁獲量は1桁大きい。この豊かさは、潮流と地形の相互作用による渦の形成により、海水の鉛直混合が促進されることで、栄養が何度も利用され、利用効率が高いことに由来する。

　潮流を作り出しているのは、海面の高さが規則的に上がったり、下がったりする潮汐である。星と星の間には万有引力なる力が働きあっているが、これは、固体だけでなく、海洋など地球流体にも作用している。潮汐は、地球が自転していることで、地球の直径分だけ星との距離が変動するために、万有引力が周期的に変化することで起こる現象である。潮汐は、地球外の星、主に月と太陽の力によって引き起こされている。潮汐によって発生する潮流が、瀬戸内海の豊かさを生みだしているとすれば、月や太陽という星が、地球上の海の豊かさを生み出していることになる。実に不思議なことである。

　瀬戸内海の生物は、地球外の宇宙が作り出す潮汐に依存し、そのリズムのなかで、それぞれの生活史を形成している。生きた化石として知られるカブトガニは、夏の大潮の満潮に合わせて産卵活動をする。カキ、フジツボなど海辺に住む生物は、潮汐により運ばれてくるプランクトンを餌として生きている。

しかし、自然が作り出すメカニズムは、ひとたび毒物を投入すると、毒物を満遍なく海の隅々に輸送する役割を果たしてしまう。仮に伊方原発から放射能が流出したとすると、例えばイカナゴの生活史のどこかに遭遇し、福島と同様、まずイカナゴやシラスの汚染が問題になるだろう。伊方の近くには、中島など、砂堆が残っている海域が多く、イカナゴが産卵し、夏眠をする生息地となっている。事故の起きる季節にもよるが、イカナゴの汚染は、それを食べるタイ、サワラといった高級魚の汚染につながる。瀬戸内海で激減している小さなクジラ、スナメリクジラも中島周辺から、原発の予定地である上ノ関も含め周防灘一帯は、現在も一定の生息が確認されている海域である。しかし、餌であるイカナゴが高濃度に汚染されれば、スナメリクジラも大きな打撃を受けることは必至である。

　瀬戸内海の平均水深は約38mで、放射能が海底付近に到達するのに、さほど時間はかからない。その意味では、カニ、エビ、ナマコ、タコなど海底で暮らす無脊椎動物の汚染も懸念される。福島であったように、アイナメ、ヒラメ、メバルといった底層性魚種も、長期にわたる汚染を覚悟せねばならない。要するに、伊予灘を初め、隣接する安芸灘、広島湾、周防灘などでは、生態系を構成するあらゆる段階で汚染が進行し、食物連鎖構造は、そこかしこで寸断されることになる。

　1950年代後半から70年代にかけた臨海工場地帯の開発などにより、瀬戸内海は、極度に汚染されてきた。しかし、瀬戸内海の環境を回復させ、子孫に残そうとの住民の運動や自治体の努力により、瀕死の状態にならないようにする努力が続けられてきた面もある[※7]。そこで、もし伊方原発が事故になったらどうなるのかは目に見えている。一度、この海を放射能で汚染すれば、甚大な被害が生じることは必至である。半世紀にわたる住民や自治体の地道な努力は、全て水泡に帰してしまう。

　瀬戸内海は閉鎖性が強く、海水が入れ替わりにくいので、半減期が30年もあるセシウムやストロンチウムで汚染されれば30年も60年も漁業ができない恐れが高い。そうなれば沿岸漁業の技術、人材、歴史、伝統のすべてが消失してしまう。これは、大げさでなく、近畿圏と大陸をつなぐうえで重要な役割を果たした瀬戸内文化圏の消失を意味する。

※7　環瀬戸内海会議（2000）；『住民が見た瀬戸内海』、技術と人間。

3 原子力空母と東京湾

2008年9月以来、東京湾の西の出入り口に近い入り江、横須賀港に原子力艦船が配備されていることを、どれだけの市民が自覚しているであろう。言うまでもなく米海軍横須賀基地配備の原子力空母ジョージ・ワシントン[※8]である。まぎれもない東京湾の一角である。ジョージ・ワシントンは電気出力20〜30万kwの原子炉2基を有し、合わせて40〜60万kw原発としての側面がある。使用している燃料のウラン235濃度は、長期にわたり燃料棒の交換をしないで済むよう95〜97%と言われる。通常の軽水炉原発ではせいぜい3〜5%程度の濃縮ウランを使用しているのと比べると、いかに濃縮度が高いかがわかる。その上、艦内が狭いため、①格納容器の簡略化、②炉心設計に余裕がない、③炉心が絶えず振動や衝撃にさらされるなどの制約があり、陸上の軽水炉と比べて、安全に関し厳しい条件が重なっている。さらには、原子炉が高性能弾薬と同居していることも怖い。この艦船に実に5600人が乗船しているというのである。

大地震と津波を契機に発生した福島事態から類推して、同様の事態が起きない保証はない。横須賀港に停泊しているとき大津波が押し寄せ、陸に持ち上げれることはないのか。逆に引き波により海が一時的に干上がり、座礁すれば、船底にある冷却水の取水口がつまり、冷却が不可能になる。冷却用の水をとりこめなければ、崩壊熱への対処が不可能になる。福島事態と同じ状態になりかねない。濃縮度が高い燃料を使用していることで、同じ電気出力でみれば、崩壊熱も大きいし、燃料棒のなかに貯まっている「死の灰」の量も多い。

仮に横須賀港で放射能の海洋への放出が起これば、港内はもちろんのこと、東京湾全体の汚染につながることは必至である。半世紀以上にわたる埋め立てや負荷の増加により、東京湾漁業は衰えたりとはいえ、横須賀港に近い三浦半島や内房沿岸は、スズキ、マコガレイ、ヒラメ、マダイ、メバルの産卵場、成育場である。

[※8] 原子力空母横須賀母港化を許さない全国連絡会編（2008）：『東京湾の原子力空母』、新泉社。

表15 横須賀港への原子力艦船の入港状況

	総計		空母	
2010年	26回	287日	6回	184日
2009	24	324	7	217
2008	11	120	2	48
2007	13	75	−	
2006	14	97	−	

© 緑風出版

いずれにせよ既に東京湾には原発があるのである。同艦は、年による変動はあるにせよ、1年の2分の1以上は横須賀港に停泊している（表15）※9。この原子炉が東京湾で事故を起こしたらどうなるのかが改めて問われている。菅首相（当時）は、福島原発の事故を受け、浜岡原発に関して、少なくとも津波防波堤が完成するまで停止する方針をうちだした。その理由は、仮に浜岡で事故が起こった時、首都圏が壊滅的な事態になることが懸念されるからとした。その判断自体は英断と言ってよい。しかし、そうであるならば首都圏の足元にいる米原子力空母や頻繁に寄港する原潜の「原発」としての危険性に言及すべきである。空でも海でも、放射能は県境を無視して拡散するはずである。

他方で、1年の半分、横須賀にいない時、どこにいるのか。横須賀配備の空母が寄港する日本の港は、現在は、佐世保、そして小樽に実績がある。しかし、今後、それが変化する可能性は大いにある。06年以来、米軍再編の一環として、厚木基地に配備されている空母艦載機をすべて岩国に持っていく計画が執拗に進められている。そうなれば、いずれ原子力空母が瀬戸内海を航行して、岩国に寄港する可能性もある。1970年代初め頃の商業用原発に匹敵する出力を持つ原子炉が軍艦に積載されたまま、閉鎖性の強い瀬戸内海を航行する。更に艦載機の岩国移駐とセットで、空母艦載機の離着陸訓練のための恒久施設を鹿児島県馬毛島に建設する計画もある。そうなると、空母の西日本における活動が活発になる可能性も高い。

更に言えば「海上の原発」の危険性は、原子力空母が移動する北東アジアをはじめとした海洋の全域に及んでいる。この原子炉は日本の安全審査はまったく受けておらず、放射能について何の規制も受けないものであることも大きな懸念材料である。

※9　ピースデポ（2011）『核軍論・平和2011』のデータを基に作成。

第6章 海洋の放射能汚染の根深い歴史

―― 核文明そのものを問う契機に ――

福島事態を契機として、人類の核エネルギー開発に伴う海洋の放射能汚染について、できる限り包括的に捉えることを試みてきた。調べるほどに、十分に触れることができていない多くの領域があり、海洋汚染の歴史の根深さを痛感させられる。また、福島事態は、依然として進行中であり、不確定な要素も多々ある。これらについては機会を改めて取り組みたい。ここでは、本書を閉じるにあたり、放出源の違いによる海洋汚染の比較を含めて、これまで述べてきた主要な論点を整理しておきたい。

1　放出源

　人類による海洋への放射能汚染源として主要なものは、以下の3つである。

1　大気圏核爆発

　大気圏での核爆発は、現在の国連安保理常任理事国である5カ国により、広島・長崎を含めて1945年から1980年まで25年間かけて543回、行なわれた。その後は、地下核実験が行なわれてきており、未だに全ての核実験を禁止する包括的核実験禁止条約（CTBT）は発効していない。環境への影響という面から人類史上、最大の放出源である。

2　原発事故

　この主要なものは、チェルノブイリ原発、福島第1原発の大規模事故である。1979年のスリーマイル島原発事故（米国）もあるが、環境への影響という面では、前2者とは比較にならない程度の量である。チェルノブイリ原発事故は、放出量は原発事故として最大であるが、原発の立地条件から、放出された放射能は相当量が大陸に落ち、海に直接、降下したものの比率は少ない。バルト海や黒海・地中海への流入は河川経由の間接的なものである。その意味で、海洋汚染としては、福島原発事故がはるかに大きいと推測される。

3　平常時における再処理工場・原発などの核施設

事故による突発的な大量放出とは別に、平常運転時においても核燃料サイクルに沿って、各プロセスごとに放射能放出が伴うが、海岸に立地する再処理工場や原発が主要な汚染源となる。

4　その他

原子力推進艦の事故、固体・液体廃棄物の海洋投棄、地下核実験による海洋への漏出（ムルロア環礁など）、人工衛星の落下事故などがある。

放出された放射能の海洋への流入経路としては、a. 大気への放出後、直接、海面に降下する場合、b. 大気から陸域に降下したものが河川、地下水を経由して、海洋へ流れ込む場合、c. 放出源から直接、液体として流入する場合が考えられる。海洋環境に入った後は、海水に混ざり、希釈・拡散されていく過程と、逆に食物連鎖構造の中での生物濃縮や海底の土壌への蓄積など、希釈と濃縮という矛盾した2つの過程がある。そしてあらゆる生物の体内に浸透していく。

2　福島原発事故による海洋の放射能汚染

東京電力の海水測定から、福島第1原発から南へ約16キロの岩沢海岸でも11年3月21日に1リットル当たり約30ベクレルという高濃度のセシウムが検出され、海洋への流出は、事故直後の相当早い時期に始まっていたことが示唆される。一方、4月前半の東電測定の海水中セシウム濃度の変遷から、岩沢海岸における濃度変動は、福島第1放水口付近の変動に約1週間遅れで反応していることがわかった。これが事故発生時と同じ環境と仮定すれば、福島第1原発からの海への流出は3月15日頃には始まっていたことになる。そして、濃度が最高レベルになるのは3月30日頃からで、それまでの3週間に汚染は深刻化していったと見られる。

東電は、放射性物質の放出量として3例を発表している。4月2日に見つかった2号機の取水口付近のピットの亀裂から出ているものが最大

で 4700 兆ベクレルである。他の 2 例は、第 1 例の誤差の範囲内のものである。しかし、これらの評価には肝心な 3 月中の放出量は含まれていない。フランス放射線防護原子力安全研究所は、海水の濃度分布から現存量を推算し、放出量として東電発表の 6 倍の 2.7 京ベクレルという値を発表している。こちらのほうが事実に近いとみられるが、真相はわからない。

事故当時の表面水温分布によると、銚子から東に向かって黒潮と親潮の潮境が見られる。福島原発から出た放射能は、事故から約 1 カ月間は親潮の南流にのって南へ流れていた。その 1 カ月後の潮境は福島と茨城の県境あたりまで北上している。流入した放射性物質は潮境で一部は沈み込み、一部は黒潮続流[※1]にのって東へ運ばれていったと思われる。

水産庁が 2011 年 3 月 24 日から始めた水産物の調査は、今後も継続されねばならないが、2011 年 12 月末で 5091 検体を数えた。対象種は、表層性魚（イカナゴ、イワシ）、中層性魚（スズキ）、底層性魚（ヒラメ、カレイ、アイナメ）、回遊魚（サバ、サンマ、カツオ、タラ、サケ）、海岸生物（ウニ、ホッキガイ、ムラサキイガイ、カキ）など多岐にわたる。

福島原発から南の福島県沖、および茨城県北部海域では、セシウムの暫定規制値や基準値を超える高濃度の水産生物が検出され続ける、第 1 次影響域とも言うべき高濃度汚染海域がある。これは潮の流れから想定される汚染海域と重なる。特に、底層性でかつ定着性の強いアイナメ、シロメバル、ヒラメ、カレイなどの汚染は、長期にわたり危険性の高い状態が続くと考えられる。さらに、第 1 次影響域を取り囲み、原発から北方の約 50 kmから、南は約 120kmあたりまでの南北 170kmにわたる領域で、基準値を超える多種の生物が生息しており、第 2 次影響海域が広がっている。そこでもセシウムの半減期などから汚染の長期化が懸念される。

4 月下旬からの文科省の調査による海底泥のセシウムは、福島第 1 原発の沖合が高く、南に行くにつれて下がっていくが、6 月中旬より大洗沖から鹿嶋沖一帯が高くなった。黒潮と親潮の潮境が停滞している場所で沈降

※1　日本の沿岸に沿って北東へ流れる黒潮は、銚子沖を過ぎるころから陸を離れ東方に向かうが、東経 160 度付近までは、狭い強流帯を保持しており、この東流する領域を黒潮流流と呼ぶ。

し堆積したと推測される。第1次影響海域の外側の、第2次影響範囲も含めて、海底泥の汚染が中長期的に続く可能性がある。欧州の経験からは、この堆積物が2次的な汚染源となって、再び海水に溶出していくことが懸念される。

　他にも、マダラは、三陸沖でも40〜90ベクレルといった高濃度が確認されている。さらにマサバ、スケトウダラなど数種の回遊魚では、北海道東部や青森県沖、さらに三陸沿岸部において、10ベクレルといった単位で放射能の存在が確認されていることから、主として魚自身の移動に伴って、第3次影響域とも言うべき中低濃度域の広がりも無視できない。当初心配されていたサンマは、比較的、低濃度で、早めに東に移動をし、放射能の塊と遭遇せずに、逃げていた可能性が高い。マグロやカツオも比較的低濃度で、沿岸に近づき、生活する期間がないか短いためと考えられる。このように回遊魚については、魚種ごとに様相が異なっている。

　汚染された海域は、二つのグローバルな循環流の境目で、暖流と寒流が接する所に形成される世界でも屈指の豊かさを誇る世界三大漁場の一つである。この漁場は数千万年という単位で続いているもので、その意味で、漁場はこれからも不変である。人類がその海の恵みをいただきながら生きていく選択をすれば、半永久的にその恵みを受けることができる。ところが、何を思い違ったのか、日本は、数千万年変わることのない悠久の恵みをもたらす豊かな海に面して、大間から東海村まで隙間なく放射性物質を製造・貯蔵する原発・核施設をつくってきたのである。その愚かさと犯罪性を直視せねばならない。

3　大気圏核爆発による海洋の放射能汚染

　1945年から1980年まで続いた543回の大気圏核爆発によって放出された放射性物質の量は膨大である。ストロンチウム、セシウム、プルトニウムなどは半減期に応じて残存し、今もバックグラウンド値を高めている。なかでも1954年の「キャッスル・テスト」と呼ばれたビキニ環礁核実験による放射能の海洋汚染は史上最大規模で、実験から3カ月余りが

経過した中でも、実験海域を中心に東西に 2000km 以上、南北 1000km にわたって、海水から高濃度の放射能が検出された（俊鶻丸調査）。放射能は、ビキニ環礁が位置する北赤道海流にのって広く分布し、海流の区分が汚染の境界を明瞭に示していた。プランクトンや魚類の汚染は、海水の汚染を反映し、北赤道海流域で特に高濃度であった。プランクトンからは、海水の 1000 倍もの放射能が検出され、プランクトンが海洋の放射能汚染の良い指標になることが判明した。また、カツオ、マグロなどの大型魚では、肝臓、脾臓などの臓器ごとに濃度が大きく異なり、海水との濃縮度合いは、数万倍にも及んでいた。これにより、生物濃縮が史上初めて認識された。

ビキニでの核爆発においては、航行禁止区域の外で操業していた第五福竜丸が被災し、久保山愛吉氏が死亡する事態となった。空では偏西風や貿易風が放射能を運び、恵みの雨が大地に放射能を降らせた。沖縄や本州南方の黒潮流域で多くの汚染マグロが漁獲され、惑星海流とも言うべき北太平洋規模の循環流が汚染マグロを輸送していることが明らかにされた。

米ソ冷戦における相互の不信が、核軍拡競争をつくりだし、どちらも自らの正当性を繰り返し主張する愚かな行為が、半世紀にわたって続くなかで、核実験はとめどもなく繰り返された。それは、文字どおり放射能によるグローバルな環境汚染をもたらし、地球表面の 7 割を占める海洋は、その最大の受け皿となった。

4　平常時の再処理工場・原発による海洋の放射能汚染

イギリス、フランスの再処理工場を中心とした欧州の核施設による平常時における広い範囲にわたる海洋汚染は、人類による海洋の放射能汚染において主要な要素の一つである。「北東大西洋の海洋汚染防止に関するオスロ・パリ条約（OSPAR）」の報告書から、2009 年の放出量を核種ごとに整理すると、トリチウム 1 万 3600 兆ベクレル、アルファー放射体（プルトニウム、アメリシウム）1900 億ベクレル、ベーター放射体（セシウム、ストロンチウム、テクネシウム）30 兆ベクレルである。

ヨーロッパ委員会の MARINA プロジェクト報告書より、北東大西洋に

おける海水、魚類、甲殻類、海藻および堆積物中の主要な人工放射性核種の濃度分布を知ることができる。対象核種は、セシウム137、テクネチウム99、ストロンチウム90、プルトニウム239+240、アメリシウム241、およびヨウ素129、コバルト60、トリチウム3、ルテニウム106である。ストロンチウム、セシウム、テクネチウムは海水に溶け、保存性が高く、海水の動きとともに移動する。プルトニウム、アメリシウム、コバルトは不溶性で、海水中の滞留時間は短く、短期間に沈降する。1970年代に最も高濃度の汚染が続いたが、その後、一貫して減少傾向にある。例外として、アイリッシュ海における①プルトニウム同位体、セシウム137、アメリシウム241の海底堆積物からの溶出、②1994年以来のセラフィールドからのテクネチウム99放出量の増加などがある。

1960～1970年代の時期を中心にセラフィールド再処理工場から放出された膨大な放射性物質は、アイリッシュ海から北海、更にノルウェー沖から北極海にまで到達していることが、セシウム、プルトニウムなどの濃度分布からわかっている。この一部は、日本の原発で作られた核分裂生成物による汚染である。日本の使用済み燃料の再処理をイギリス、フランスの再処理工場に委託したことの一つの結果として、日本が作り出した「死の灰」がアイリッシュ海をはじめ、北海や北極海を汚染し続けたのである。北東大西洋もまた世界三大漁場の一つである。

5 平常時の日本の原発による海洋の放射能汚染

敦賀原発——1971年9月、11月、浦底湾全域でホンダワラなどからコバルト60が検出された。放水口付近で、生重量1キログラム当たり28.5ベクレル、放水口から800mで4.1ベクレルが検出され、湾口に向けて1.8キロ地点は、放水口付近と比べて2～3桁小さいことがわかった。体長9～17cmのイシダイの消化管内容物から、生重量1キログラム当たり4.4ベクレルのコバルト60が検出された。

福島第1原発——1978年8月8日、放水口付近で採取した試料で、最も濃度が高いのはマンクソ（オカメブンブク）でコバルト60は生重量1キログラム当たり7ベクレルである。水産生物として重要なホッキガイは、

コバルト60が0.15〜0.48ベクレルであった。

その後の、原発立地地点における平常時の海洋の放射能汚染の実態については、必ずしも明らかになっていない。

6 放出源ごとの海洋汚染の比較

これまで各章で、放出源ごとに海洋の放射能汚染について記述してきたが、最後に、それぞれの濃度を比較してみよう。ただし、ビキニ核実験の時代の大部分のデータは、ガイガー・ミューラー計数管によるcpm（1分当たりのカウント数）という単位で測られている。俊鶻丸調査のように効率が記録されている場合は、ベクレル換算できるものもあるが、それでも核種は特定できない。その限界を承知の上で、海水、堆積物、海洋生物に関するデータを比較してみる。福島原発事故に関する公的なデータは、一部にストロンチウム、プルトニウムがあるが、主要にはセシウムだけである。そこでセシウムについての海水、堆積物、海洋生物の比較表（表16）を作成した。ただし、測定方法や試料採取方法などが、異なり、あくまでも概括的な比較に留まるものである。それでも相互の差違を見るには、一定の意義があると思われる。

1 海水

表16では、海水中のセシウムについて、福島第1、第2原発放水口付近、沖合30km、欧州では、高い順にアイリッシュ海東部・西部、北海、北極海、更にビキニ（実験場の東西で各1点）を並べてある。欧州の場合、海水濃度の単位は1立方メートル当たりのベクレル表示で測定しているが、福島では1リットル当たりでの値が出ている。これは、福島の方が、1000倍以上、平均的に高いことを意味している。ここでは、比較のため、すべて1リットル当たりに換算した。

福島第1原発事故に関係しては、放水口付近の濃度が最も高くなった3月末から約1週間における最小値と最高値を示した。福島第1原発放水口に比べ南へ16kmの岩沢海岸では、1〜2桁、沖合30kmでは3桁以上低い濃度になっている。これらの地点においても、7月末には海水から検出さ

表16 福島事態、ビキニ核爆発、欧州再処理工場におけるセシウム濃度（海水、堆積物、海洋生物）の比較表

		海水（ベクレル/リットル）	堆積物（ベクレル/kg）	海洋生物（ベクレル/kg）				
				タラ	カレイ	カツオ、マグロ	ムラサキイガイ	海藻
福島事故	福島第1原発放水口	1万～6万 [注1]						
	岩沢海岸	200～2000 [注2]						
	福島第1原発沖30km	0～40						
	第1次影響海域		110～320 [注10]	47～300 [注12]	37～420		30～650	41～1200（ワカメ）
	第2次影響海域		30～90		65～128	2～33		
	三陸沖		5～9	2～89	6～7			
北東大西洋	アイリッシュ海東部	1～(51)～208 [注3]	280～920 [注11]					
	アイリッシュ海西部	0.15～(0.18)～0.24 [注4]	160～270	1～80 [注13]	0.7～30		0.5～7	1～40（ビンマグロの一種）
	北海・北部	0.03～(0.09)～0.12 [注5]						
	北極海エリア	0.002～(0.014)～0.019 [注6]						
核爆発ビキニ	西～500km	123～(334)～1208 [注7]				2200～3900 [注14]		
	東に500km	6～(45)～98 [注8]						

注1：最も濃度が高かった2011年3月26日～4月9日までの期間。
注2：最も濃度が高かった2011年3月27日～4月20日までの期間。
注3：海域35で最も高かった1975年の最小値～（年平均値）～最大値。
注4：文科省データの3点での最小値～（平均値）～最大値。
注5：海域35で濃度が減少してきた1999年の最小値～（年平均値）～最大値。
注6：海域33で濃度が高かった1975年の最小値～（年平均値）～最大値。
注7：海域59で濃度が高かった1981年の最小値～（年平均値）～最大値。
注8：海域19で濃度が高かった1980年の最小値～（年平均値）～最大値。
注9：測点17の8回の測定での最小値～（平均値）～最大値。
注10：2011年の水産庁防護研究所（RPII）報告書から1982～2001年までの最小値～最大値。
注11：文科省データD.G.J.A.の測点での最小値～最大値。
注12：海域35で1988年～1999年の最小値～最大値。
注13：「俊鷹丸」調査データにおけるカツオ、マグロの筋肉内の放射能。
注14：アイルランド下放射線防護研究所、調査データにおけるカツオ、マグロの筋肉内の放射能。

© 緑風出版

れなくなるなどの時間変化があるが、ここでは最高値の状況のみを示した。

　北東大西洋では、セラフィールド再処理工場が面するアイリッシュ海東部が最も高濃度である。セラフィールドの近接する海域 35 という、ある大きさを持った海域の平均値では、最も放出量が大きかった 1975 年においても最大で 1 リットル当たり 208 ベクレル、平均 51 ベクレルである。これは、福島での最高値を示していた時期の濃度と比べると、岩沢海岸よりも低い。更に、アイルランド側のアイリッシュ海西部、北海、そして北極海と離れるにつれ、桁は、順次、小さくなっていく。

　欧州の海洋汚染は、瞬間的な放出量は、大気圏核爆発、福島事態と比べて少なく、濃度は相対的に低いが、長期にわたり、広域的に拡散していることが重要である。

　福島事態における、3 月下旬から 4 月半ばまでの原発周辺海域の海水濃度は、欧州では、アイリッシュ海東部の最も濃度が高い海域よりも、2〜3 桁、高濃度になっていた。ただし、福島の場合、その範囲は南北にせいぜい 100km 範囲内である。欧州では、濃度は希釈されていたとはいえ、アイリッシュ海を越えて、北海やノルウェー沿岸を経て、はるか北極海にまで痕跡がたどれるということは脅威である。福島においても、2011 年 9 月から月 1 回、宮城県から茨城県沖の海水につき、精度を 3 桁あげた測定が始まっている。今後、中長期的な視点からは、このデータの解析を進めるべきであろう。その際は、対象とする核種を、セシウムに限定するのでなく、せめて欧州で行なっているように、ストロンチウム、プルトニウムなどにも広げるべきであろう。

　一方、ビキニ核爆発では、実験から 1〜2 カ月後の時点で、東西 2000km、南北 1000km という広大な領域にも関わらず、単位は 1 リットル当たりのベクレルで表示できる程度の濃度が確認されている。北赤道海流の下流にあたる西方 500km の地点でも、75m 層で 1 リットル当たり 1500 ベクレルという値が出ている。東に 500km の地点においてすら、最小値 6 ベクレル、最大値 98 ベクレル、平均値 46 ベクレルの範囲にある。核種が特定できず、全ての核種の合計した結果を見ているにしても、ビキニ核爆発の威力と放出された放射能量の大きさがわかる。

2 堆積物

　文科省の三陸沖から銚子沖に至る海域での海底堆積物の調査から、福島第1原発沖、大洗沖、そして女川沖の3点を選び、4月から10月にかけて2週間に1回の測定値をもとに、最小値と最高値をとりだした。原発の沖合は、乾重量1キログラム当たり110〜320ベクレル、南へ行くにつれ濃度は下がっていくが、茨城県大洗周辺では、逆に原発沖に近い値が見られる。牡鹿半島の北側では5〜9ベクレルと桁が2つほど小さい。測定点は若干異なるが、ほぼ同じ海域に関する2009年の分布図をみると、全域にわたって1キログラム当たり0.7〜1.5ベクレルである。この結果、女川沖においてすら事故前の3〜6倍に上昇していることがわかる。

　他方、欧州に関しては、アイリッシュ海の堆積物濃度として、1992年から1999年までのデータで最小値と最大値を示した。セラフィールド再処理工場が面するアイリッシュ海東部では、1キログラム当たり280〜930ベクレルと極めて高濃度となっている。これほどの高濃度の海底汚染は、福島事故ではごく一部に限られる。約200km以上は離れたアイルランド側のアイリッシュ海西部においても、160〜270ベクレルで、福島原発沖の濃度に匹敵する値である。再処理工場から、長年にわたり放出され続け、累積したものが、海底に大きな汚染源として存在していることがわかる。第4章でも述べたように、欧州委員会も、海底からセシウムが海水に溶出し、二次的な汚染源となっていることを認めている。海底泥から海水への溶出があることで、逆に海底汚染はある程度、抑えられているはずである。にもかかわらず、これだけ高濃度であるということは、長年にわたる海底への堆積量の膨大さを示すものであろう。

3　海洋生物

　海洋生物の3者の比較は、測定している生物がまちまちであるため、極めて難しい。欧州と福島原発事故で共通のタラ、カレイ、ムラサキイガイ、海藻をとりだした。またビキニでは、魚類はカツオ、マグロだけである。

　欧州のデータは、同一地点の1982年から2008年までについて、最小値と最大値を示した。どの生物種も1982年が最大で、以後は減少傾向を示

し、2000年以降は横ばいである。約26年間に、タラは80分の1、カレイは30分の1、海藻は40分の1に低下したことがわかる。セラフィールド再処理工場からのセシウムの放出量が約1300分の1に減少しているのと比べ、生物中セシウム濃度の減少割合は、それより10倍以上は小さい。

福島原発のデータでは、タラ（マダラ）は、第1次影響域では生重量1キログラム当たり47〜300ベクレルと幅があり、第2次影響域は、やや低くなり、三陸沖でも2〜89ベクレルと幅が広い。第2章で述べたように、タラは、岩手県、宮城県沖においても相当高い濃度が見られる。アイリッシュ海西部の現在の濃度は、1キログラム当たり最小値の1ベクレル程度なので、福島原発事故での三陸沖も含めた広い海域の濃度は、アイリッシュ海西部のタラよりも大幅に高いことになる。

マガレイは、福島では影響域ごとに大きな濃度差がみられる。海水そのものの移動では、到達していないと見られる金華山沖でも6〜7ベクレルあり、アイリッシュ海西部と比べ10倍は高い。ましてや福島原発事故の第1次、第2次影響域では、アイリッシュ海西部より数百倍高い濃度となっている。

ムラサキイガイも、福島の方が、現在のアイリッシュ海西部より60〜1300倍は高いことになる。海藻では、種が違うので直接的な比較は控えた方がいいが、40〜1200倍高い。

ビキニについては、マグロの筋肉部分だけ取り出したが、生重量1キログラム当たり2200〜3900ベクレルである。この数字は、福島原発事故後の太平洋におけるマグロの調査結果の1000倍である。しかも、ビキニでは、筋肉部を除いた内臓で海水の数万倍にもなる放射能が検出されている。ビキニでは、核種が限定されず、総計としての放射能量であることを差し引いても、極めて高い値が出ていたことになる。

欧州委員会の報告書によると、魚類は比較的濃度が低く、甲殻類、軟体動物の順に高くなると報告されている。しかし福島では、必ずしもそのような順序ではなく、甲殻類や軟体動物の方が濃度が低い。福島事態では、魚類の中でもアイナメ、ヒラメなど底層性魚種に極めて高濃度なものが見られる。欧州では、魚類に関しては、それを詳しく分析できるほど多様な魚種についての調査が行なわれていない面があり、比較できる対象がな

い。

　全体的に見て、海水や生物の濃度は、福島での第1次影響域のものは、欧州と比べかなり高濃度である。しかし、堆積物については、アイリッシュ海東部は、福島沖の数倍は高く、アイリッシュ海西部が福島沖なみの濃度である。アイリッシュ海では、海水中への溶出があった上でも、これだけの濃度が認められる。セラフィールド再処理工場から数十年にわたり供給され続け、堆積物に蓄積された放射能がいかに膨大なものであるかを物語っている。

7　海洋を台なしにする核エネルギー利用

　1939年に核分裂という現象が発見された当時、人類社会は、国家間の利害対立を解決するために、戦争という力ずくの手段しか持たず、第二次世界大戦に向かって急速に動いていた。その構図の中で、科学者の進言も得て、米国は、核エネルギーを兵器として開発する道に突き進み、一気に核兵器を作った。広島・長崎は、その最初で、最大の悲劇である。その後は、大気圏核爆発により、地球を生命の星にした基盤である大気、海洋を放射能で汚染し続けた。ビキニ実験で出た放射能は、太平洋の大循環によって太平洋規模に拡散し、フイリピンから日本列島にかけての世界的にも有数の漁場を汚染した。

　同時に核エネルギーの平和利用の名において、発電に利用する選択をし、北半球を中心に世界中に「死の灰」とプルトニウムを製造する工場が立ち並ぶこととなった。1942年、シカゴで世界初の原子炉が動いてから70年の中で、原子炉の2度の大事故を起こし、核エネルギー利用に伴って生成された核分裂生成物の脅威を見せつけてきている。福島原発事故は、その2回目の大きな出来事である。福島事態で放出された放射能は、惑星海流が作る恵みの場である世界三大漁場の一つを汚染し続けている。

　この間、事故が起きなくとも、日々、原子炉内に蓄積される膨大な「死の灰」の一部は、環境中に放出され続けてきた。なかでも、使用済み燃料からプルトニウムを取り出すことを目的とした再処理工場では、欧州、北アメリカを中心に気体、液体での膨大な放射能が環境中に放出されてき

た。欧州では、核保有国であるイギリス、フランスの再処理工場が、その最たるものである。福島のような瞬間的、一時的な放射能汚染と比べ濃度は相対的に低いとはいえ、放射能は、工場が面する海域のみでなく、海流系によって北極海にまで到達していることが、モニタリングの結果から判明している。ちなみに欧州の核施設による平常時の汚染を被っている北東大西洋も世界三大漁場の一つである（図14参照）。

固体・液体廃棄物の海洋投棄も、1940年代後半から行なわれ、日本も一時期、実施していたことがある。その後、条約ができたことで、1993年を最後に現在は中止されている。さらに原子力推進艦の事故で、海底には幾多の原子炉や核兵器が沈んだまま、放置されている。

こうして見ると、わずか70年弱の歴史において、人類は、実に多様な形で、海洋に放射能を放出し続けてきたことが浮かび上がる。我々は、これらの出来事を、別々にしか捉えていなかったのではないか。太平洋、大西洋という北半球の大洋を中心に、おびただしい放射能を放出し続けてきたのに、未だ、それを反省し、核エネルギー利用を中止し、別の道を歩もうとする流れはない。

地球上には60億人以上の人々が暮らしている。海洋は、深さ1万メートルもの神秘を抱え、膨大な水で満ちあふれている。その意味で、地球は大きな器である。福島原発事故の直後、原子力安全委員会は「海水中に放出された放射性物質は、潮流に流されて拡散していくことから、実際に、魚、海藻などの海洋生物に取り込まれるまでには、薄まると考えられます」とくり返していた。ビキニ被災での米原子力委員長の認識も同じであった。こうした主張の根底には、地球は十分に広いという認識がある。しかし、他方で、核エネルギー利用に依存する社会形成が始まってから70年弱の間に、海洋のいたるところに放射能を拡散させ、慢性的な汚染をもたらしてきた。濃淡はあるにしても、人工的な放射能で汚染されてない海はないのかもしれない。その意味では、地球は小さくなってしまった。

地球は、物質を輸送し、拡散させる、いくつもの精密なメカニズムを持っている。惑星に固有な大洋規模の循環流は、物質をグローバルに輸送する。水塊の境界域にできる潮境は、鉛直方向の流れを作ることで、物質

の鉛直輸送を促進する。

　一度、毒物が自然界に放出されると、これらのメカニズムは、毒物を地球上の隅々に運んでしまう。ビキニ環礁核実験で海に放出された放射能と汚染マグロは、北赤道海流に乗って、フイリピン、台湾を経由し、日本列島周辺にまでやってきた。イギリスの再処理工場から出たセシウムやプルトニウムは、アイリッシュ海から出た後、北東大西洋の沿岸に沿った海流系によって、北海やノルウェー沿岸を経て、北極海にまで到達している。チェルノブイリ原発事故によって大気経由で北欧や東欧に降下した放射能は、河川水によりバルト海や黒海・地中海に運ばれた。福島事態で太平洋に流出した放射能も、黒潮と親潮が作る潮境域で混合し、東へと輸送され、広域的な汚染をもたらすことが懸念される。

　放射能が拡がる対象には、生物の世界も含まれる。多様な生物が織りなす食物連鎖構造からなる生態系の隅々に放射能は浸透していく。これを止めることは不可能である。一通り行き渡って、時間が経過する中で、放射能の能力が減衰するのを待つしかない。

　これらは必然の過程である。だとすれば、自然の物質循環になじまない物質を大量に作る生産構造をなくす以外に手はない。欲望を抑えて、自らの生産や生き様を質す意志さえ持てれば、回復は可能である。自然が持たらす恵みの構造を理解し、それに依存しながら、ある程度の自足をする体制を作れるかどうかだけが問われている。

　2000年、日本は、循環型社会形成推進基本法を成立させ、翌年、同法に基づき「循環型社会白書」を発行して「循環型社会の形成」をうちだした。しかし、その理念に立って、社会を構成する要素を点検する意志と能力を持ち合わせてはいなかった。あるいは、それは本気ではなかった。原発は、自然の物質循環にそぐわない放射性物質「死の灰」と核分裂性物質プルトニウムを毎日作り続ける施設である。自然になじまない物質をつくり続ける行為は、循環型社会の形成を阻害することはあっても、促進することにはならない。原発が「循環型社会」にまったく適合しないことは、誰でもわかることなのに、循環型社会の形成という理念に照らして、エネルギー政策を根本から見直す作業は、一切行なわれなかった。そうした中で福島事態が起きたのである。

生物の論理になじまないものを大量生産する社会に未来はない。福島事態は、たった一つの工場の事故でも、社会全体が破壊されることを示した。一旦、毒物が環境中に大量に放出されてしまったら、手の施しようがない。現代文明の脆弱性を改めて見せつけたと言える。このまま、便利さ、豊かさを追求する物質文明の延長上に、市民が、安全に、安心して暮らしていける当たり前の社会の構築は見えていない。

　福島事態による汚染海域は、何段階かの構造はあるにしても、牡鹿半島から銚子沖にいたる東北の海であり、世界三大漁場の一つである。この漁場としての価値を評価すれば、その沿岸に原発や核施設を林立させたあやまちは明白である。海洋は生命が発生した源であり、無数の生物の生きる場である。その恵みの海に、放射能を流出させ、汚染を垂れ流していることは、一人東電という企業の責任だけではない。日本という国家による犯罪と言うべきである。国家自らが、自身で生存基盤を崩していることに他ならない。70年にわたる人類による海洋の放射能汚染を包括的にふりかえって見えることは、とにかく核エネルギー依存社会からの脱却を目指すことこそが焦眉の課題であるということである。一刻の猶予も許されない。

あとがき

　2011年3月11日東日本大震災が発生した時、私は、横浜のピースデポ事務所にいた。停電で電車が動かないため、そこで一晩過ごした。情報がないなか、震源に最も近い牡鹿半島の付け根に位置する女川原発の状況が気になって仕方がなかった。私の自己形成や生き方において、女川は、最も大切な場の一つである。海洋学の面白さを味わい、基礎を作ったのは、女川湾での海洋観測である。私の修士論文は、女川湾の海水と沖合水との関わりを潮目などの海面現象から研究することで、女川湾の現地観測でまとめた。

　同じ頃、女川原発の建設問題が焦点となり、科学（者）の社会的あり方を問う視点から豊かな海に「死の灰」製造工場を作らせてはならないという一心で、女川原発反対闘争に関わった。女川港から小さな定期船にのり、湾の先端の塚浜という部落に行き、五部浦という地域の浜を回り、歩いてビラを配りながら一日かけて帰ってくる。湾内には、カキ、ホヤ、ワカメの養殖イカダが所狭しと置かれていた。漁業者を中心に根強い反対運動が続き、70年12月に国の着工認可が下りてからも、本格着工ができない状態が続いていた。これも一つの要因となって、建設を促進させるため、中曽根通産大臣（当時）が作ったのが電源三法である。我々は、学生として漁民と繋がるべく、援漁活動に精を出した。カキむき、わかめの種付けなど冷たい風が吹く中、海に出た。仙台から女川まで通い、週の半分を女川で過ごしていた時期もある。女川の海と人との関わりは、その後の人生にとって大きな支えとなっている。

　結果的には、福島で未曾有の事故が起きてしまった。東電福島第1原発では、本書で述べたように、原発事故としては初めて、放射能が液体で海洋へ流出する事態となった。海はどうなるのか。40年前、女川で懸念していたことが、今、福島沖で起きている。同じ過ちを犯さないためにも、

これを契機に、人類による海洋の放射能汚染全般を海の立場からとらえ返す作業が必要だと痛感していた。

　そんな5月のある日、緑風出版の高須さんから、原発事故による海洋汚染のことを本にできないかとの相談を受けた。ピースデポの日常業務に位置づけるのも、今一つ難しさがある中で、時間をかけて原稿を書くことは、ほとんど不可能であった。最終的には、学生時代にこだわり、女川で追求していた課題について、ここで引き受けないでどうするという、女川への執念が心を動かした。できるだけ基本的な情報を集めて、包括的なものにせねばと考えた。しかし、それも時間を充分とらなければ裏づけのあるものにはならない。かといって、つきつけられた問題を放置するわけにもいかない。そのかねあいの中で、ようやくできたのが本書である。

　作業をしながら、調査の対象とせねばならない領域がみるみる広がっていった。そのたびに、ある程度フォローしつつ、深く追えない状況があった。ビキニ環礁核実験による海洋汚染、欧州における再処理工場など平常時における海洋汚染、原子力推進艦の事故、放射性廃棄物の海洋投棄、ムルロアなど地下核実験による放射能の海洋への漏出、チェルノブイリ原発事故による河川経由の海域への影響など、切りのなさにあきれるほどであった。人類による放射能汚染の多様さと、根深さを痛感させられた。また、平常時の核施設の例として欧州を取り上げたが、米国や旧ソ連の問題もある。各章で問題の所在に触れただけで、本格的には扱いきれていない領域が数多くある。それについては、今後の検討課題とし、調査研究を重ね、別の機会に整理してみたい。

　人類による海洋の放射能汚染の歴史的な全体像をとらえ返すことを意図したが、どこまでできたかは分からない。問題となる領域の広がりを確かめ、大気圏核爆発、再処理、そして原発事故の3本柱を立て、海洋汚染という切り口から核エネルギー利用の問題性をトータルにとらえるという視点を打ち出したこと自体には意義があったと思う。それは、ともかくとして、今、私たちは、人類が核エネルギーを開発してわずか70年あまりの間に、どれほど海洋、地球、環境を汚染し続けてきたのかに思いをはせねばならない。福島原発の事故で汚染された食べ物を子どもたちにできるだけ食べさせないようにすることは重要な課題である。しかし、それに

加えて、今まで人類は、自分の生きる基盤に対して、何をしてきたのかを反省することが求められる。政府や中心的な責任者たちだけではなく、それを黙認してきた市民一人一人が、この過ちを続けないという選択をすることこそが問われている。

　　　　　　　　＊　　　　　　　＊　　　　　　　＊

　銀河系に1000億の太陽があると言われる。その中で、多様な生命で構成される生命圏が存在している星（惑星、ないし衛星）を持つ太陽系は、そう多くはないであろう。太陽と星の位置関係が適当であること、かつ星が一定の大きさを持っていることなどの物理的条件が必要となる。前者は星の表面温度を決める。我が太陽系で、水が、固体、液体、気体の三態になりうる温度条件を備えているのは地球だけである。水が、物質を溶かし、星全体に輸送してくれて初めて、複雑な生命体は営みを保つことができる。それこそが、物質の輸送や循環を可能にし、悠久の時間をかけた化学反応の末、生命体となる複雑な細胞や組織を産み出す要件である。後者の星の大きさは、水が循環するために不可欠な大気・海洋系を保持するだけの重力を保証する。

　その上で、数十億年という時間を経て、生物が、相互に依存しあいながら生きていく多様な構造ができていく。46億年前、おそらくは太陽系ができると同時にできた惑星群も、初めは無生物から出発している。その後の悠久の時間の経過なしに、生命体の誕生は考えられない。表面に海洋が形成され、太陽エネルギーが注ぐ中で、浅海を場として緩慢な化学反応が進行し、アミノ酸を経由して代謝と生殖の能力を持つ何かが生まれた。創世から約40億年たった頃、海の中で脊椎を持った生物が登場する。更に最後の500万年とも700万年とも言われる時点で、知的能力を備えた種の祖先が登場する。

　この時空間における壮大な一連の歴史過程が生み出した、ある種の結晶が、今、地球上に生きている生物群集である。バクテリア、虫、貝、ヒトデ、カニ、鳥、猫、犬、人間、植物……。同じ時に、多様な生物群がこの星に生きていることに意味がある。その点において、それらの生物は、存在としては全て等価であると考えたい。全ての生命が、各々の必然性をもって、相互に依存しあいながら営みを続けているのである。

これらのことを自覚するとき、地球は宇宙のオアシス中のオアシスであることを知る。一人の人間、一つの生物が、今、ここに生きて存在していることは、連綿とした無限の生命活動のくりかえしの上に初めて成立しているのである。それを可能にしたのは、大気・海洋系という地球流体である。特に海洋は、細胞を傷つける紫外線を遮断し、生命を育んできた。まさに生命の母である。

　そして、現在も、大気や海洋のシステムこそ生命圏保持の基礎であることに変わりはない。地球上に生物が生存できている最も基本的な条件は、水が形を変えながら、風や海流によって地球上を循環できるシステムが安定的に存在していることにある。それを駆動する力は、太陽エネルギーであり、月や太陽の引力である。他の星が地球上の流体の運動をつくりだし、豊かさを産み出している。大洋規模の惑星海流。惑星海流が作る暖流と寒流の境界域にできる世界三大漁場。月、太陽の引力が作る潮汐による潮流がうみだす、瀬戸内海などの豊饒の海。これらは、宇宙が作る自然のメカニズムであり、生物の時間から見れば、すべて不変と言っていい。永続することが保証されている豊かさである。人類は、その事を自覚できる地点にいる。自然が作り出す恵みに依存し、それを活かしていくという選択をできるかどうかが問われている。

　ところが20世紀に入ってからの人類は、科学技術の発達を通じて、もともと自然になじまない物質群をつくりだし、それに依存する社会を形成してきた。放射性物質は、その最たるものである。危険だから人里離れた場に放置し、また廃棄することになる。そのもっとも大きな受け皿が海洋である。1950年代から半世紀近く続いた平常時における放射能の海洋投棄に象徴されるように、この間、人類は、まさに海洋を無限大の廃棄物の最終処分地、ゴミ捨て場とみなしてきた。事故に伴う放射能放出の最終的な受け皿としてきた。放射能の制御がきかなくなり、環境中に放出されたとき、大きな容量を持つ海洋が受け皿になってくれると漠然と期待してきた。

　しかし、海の生物にとっての「生きる場」であり、何よりも生命の母としての海洋をゴミ捨て場とみなすことが、長く許されるはずはない。自然は、それほど甘くはない。案の定、放射能が環境中に放出されたとき、本

来は恵みを運ぶはず大気・海洋は、地球規模に毒物を輸送する役割を担うことになる。放射能は、人体を含めて生態系の隅々まで、浸透していく。人類の我がままに対して、手厳しいしっぺ返しが待っていた。まさに福島事態は、その典型である。これほど悲しく、情けないことはない。そうしているのは、我々人類なのである。

循環型社会の構築は、今や世界共通の原理である。循環してはならない物質群を製造し続ける限りにおいて、核エネルギー利用は、循環型社会の原理と根本的に矛盾する。矛盾を克服するには、軍事、平和利用の如何に関わらず、日々、大量の放射性物質を生産することを放棄し、核エネルギーに依存する社会構造を変えていく以外に方法はない。

海洋を、ゴミ捨て場とみなす横暴を一刻も早くやめねばならない。生命の母・海からの警告に真摯に向き合うのかどうかが問われている。それは、産業革命以降の生産構造や自然観などトータルな社会変革を伴わざるをえないであろう。福島事態は改めてそのことを我々に突き付けている。

地球表面の7割は海洋である。まさに水の星だ。
生命は海から発生した。人類もその例外ではない。
海は無数の生物の生きる場である。
海の生物は、海流や潮境を活かしながら、それぞれの生を営んでいる。
その生活史を寸断する権利は人間にはない。
自然は縫い目のない織物（シームレス）である。どこか壊せば全体に波及する。
シームレスに傷をつける行為は慎まねばならない。
福島事態は、世界三大漁場たる海に放射能を放出した。
広島・長崎。ビキニ。チェルノブイリ、そして福島。
＜時代をともにする仲間が暮らす海を、核のゴミ捨て場にする奴は誰だ＞
＜生命の母としての海を毒壺にするな＞
海洋のうめき声がきこえている。
宇宙の奇跡的な存在である知的生命体を名乗るのであれば、＜生命の母・海からの警告＞を真摯に受け止めねばならない。

2012年3月11日、東京にて

海の放射能汚染
<small>うみ ほうしゃのうおせん</small>

2012年6月25日　初版第1刷発行　　　定価2600円＋税

著　者	湯浅一郎 Ⓒ
発行者	高須次郎
発行所	緑風出版

〒 113-0033　東京都文京区本郷 2-17-5　ツイン壱岐坂
［電話］03-3812-9420　［FAX］03-3812-7262　［郵便振替］00100-9-30776
［E-mail］info@ryokufu.com　［URL］http://www.ryokufu.com/

装　幀	斎藤あかね		
制　作	R 企　画	印 刷	シナノ・巣鴨美術印刷
製　本	シナノ	用 紙	大宝紙業・シナノ

E1500

〈検印廃止〉乱丁・落丁は送料小社負担でお取り替えします。
本書の無断複写（コピー）は著作権法上の例外を除き禁じられています。なお、複写など著作物の利用などのお問い合わせは日本出版著作権協会（03-3812-9424）までお願いいたします。

Ichiro YUASAⒸ Printed in Japan　　ISBN978-4-8461-1209-7　C0036

[著者略歴]

湯浅 一郎（ゆあさ いちろう）
　1949年、東京都生まれ。東北大学理学部卒、同大学院修士課程修了。1975年、通産省中国工業技術試験所（呉市）に入所。2009年まで瀬戸内海の環境汚染問題に取り組む。元産業技術総合研究所職員。専門は海洋物理学、海洋環境学。理学博士。
　1971年から科学技術（者）の社会的あり方を問う契機として、女川原発を皮切りに、芸南火電、海洋開発など多くの公害反対運動に関わる。1984年の核トマホーク配備反対を契機に、ピースリンク広島・呉・岩国（1989年）、核兵器廃絶をめざすヒロシマの会（2001年）の結成に参加。現在、NPO法人ピースデポ代表。環瀬戸内海会議顧問。
　著書に『科学の進歩とは何か』（第三書館）、『平和都市ヒロシマを問う』(技術と人間)、『地球環境をこわす石炭火電』(共著)(技術と人間)など多数。

JPCA 日本出版著作権協会
http://www.e-jpca.com/

＊本書は日本出版著作権協会（JPCA）が委託管理する著作物です。
　本書の無断複写などは著作権法上での例外を除き禁じられています。複写（コピー）・複製、その他著作物の利用については事前に日本出版著作権協会（電話 03-3812-9424, e-mail:info@e-jpca.com）の許諾を得てください。

◎緑風出版の本

放射性廃棄物
原子力の悪夢

ロール・ヌアラ著／及川美枝訳

四六判上製 二三二頁 2300円

過去に放射能に汚染された地域が何千年もの間、汚染されたままであること、使用済み核燃料の「再処理」は事実上存在しないこと、原子力産業は放射能汚染を「浄化」できないのにそれを隠していることを、知っているだろうか？

終りのない惨劇
チェルノブイリの教訓から

ミシェル・フェルネクス／ソランジュ・フェルネクス／ロザリー・バーテル著／竹内雅文訳

四六判上製 二一六頁 2200円

チェルノブイリ原発事故による死者は、すでに数十万人ともいわれるが、公式の死者数を急性被曝などの数十人しか認めない。IAEAやWHOがどのようにして死者数や健康被害を隠蔽しているのかを明らかにし、被害の実像に迫る。

脱原発の市民戦略
真実へのアプローチと身を守る法

上岡直見、岡將男著

四六判上製 二七六頁 2400円

脱原発実現には、原発の危険性を訴えると同時に、原発は電力政策やエネルギー政策の面からも不要という数量的な根拠と、経済的にもむだだということを明らかにすることが大切。具体的かつ説得力のある脱原発の市民戦略を提案する。

低線量内部被曝の脅威
[原子炉周辺の健康破壊と疫学的立証の記録]

ジェイ・M・グールド著／肥田舜太郎他訳

A5判上製 三八八頁 5200円

本書は、一九五〇年以来の公式資料を使って、全米三〇〇よの郡の内、核施設に近い約一三〇〇郡に住む女性の乳癌リスクが極めて高いことを立証して、レイチェル・カーソンの予見を裏付ける。福島原発災害との関連からも重要な書。

脱原発の経済学

熊本一規著

四六判上製 二三二頁 2200円

脱原発すべきか否か。今や人びとにとって差し迫った問題である。原発の電気がいかに高く、いかに電力が余っているか、いかに地域社会を破壊してきたかを明らかにし、脱原発が必要かつ可能であることを経済学的観点から提言する。

■全国のどの書店でもご購入いただけます。
■店頭にない場合は、なるべく書店を通じてご注文ください。
■表示価格には消費税が加算されます。